AF368417

FRANCESCO REDI

OSSERVAZIONI INTORNO ALLE VIPERE

TITOLO ORIGINALE:

*Osservazioni intorno alle vipere
fatte da Francesco Redi
gentiluomo aretino, accademico della Crusca,
e da lui scritte in una lettera all'illustrissimo
Lorenzo Magalotti,
gentiluomo della camera del
Ser.mo Gran Duca di Toscana.*

isbn: 978-2-487404-01-4

Indice

Prefazione

Con questa nuova edizione delle *Osservazioni intorno alle vipere* di Francesco Redi, CH3 PRESS ha voluto centrare due obiettivi principali.

Il primo era di mettere facilmente a disposizione dei lettori un'opera scientifica fondamentale del Seicento italiano e, grazie al saggio di Walter Bernardi, di collocarne la genesi storica e culturale nella Toscana della famiglia dei Medici.

Il secondo, più impegnativo e necessario vista la natura dell'opera stessa, che oltre ad essere un testo di pura divulgazione scientifica testimonia anche la narcisistica erudizione dell'autore, era di pubblicarne un'edizione debitamente documentata.

Le annotazioni che arricchiscono il volume che avete tra le mani provengono dall'edizione del 1895 di Severino Ferrari, il quale ampliò un precedente lavoro di annotazione delle «Osservazioni» proposto da Carlo Livi (C.L.) nel 1858.

La figura di Francesco Redi è senz'altro ai più sconosciuta, ma gli storici della scienza se ne sono occupati molto. CH3 PRESS segnala, per i lettori più esigenti, «Francesco Redi, un protagonista della scienza moderna», pubblicato dalla casa editrice Olschki, raccolta di documenti che costituisce forse il contributo più organico e rappresentativo della ricerca storiografica contemporanea, anche se del 1997, sull'opera dello scienziato aretino. Per maggiori informazioni sulla figura dello scienziato del Seicento e più in generale sui legami tra magia e scienza nei secoli XVI e XVII, il lettore agguerrito potrà, tra i molti eccellenti saggi, consultare «La nascita della scienza moderna in Europa» e «Francesco Bacone: dalla magia alla scienza», entrambi di Paolo Rossi.

La presente edizione delle «Osservazioni» è stata attentamente preparata basandosi sull'originale del 1664, mantenendo intatta l'integrità e l'autenticità del testo storico. Tuttavia, al fine di rendere la lettura più accessibile e piacevole per il lettore contemporaneo, sono state apportate alcune lievi modifiche che riguardano in particolare l'accentazione di alcune parole (poiche → poiché) ed una modernizzazione degli apostrofi (un'uomo → un uomo). Infine, abbiamo tradotto in italiano i lunghi frammenti che nell'originale compaiono in greco o latino.

Teoria e pratica della sperimentazione biologica nei protocolli sperimentali rediani [1]

WALTER BERNARDI

Walter Bernardi è stato professore ordinario di Storia della filosofia e di Storia della scienza alle Università di Firenze, Venezia, Lecce e Siena. Ha pubblicato svariati volumi su Redi, Spallanzani, Galvani, Volta. Filosofo e cicloamatore, ha scritto anche libri di argomento sportivo, a partire da «La filosofia va in bicicletta. Socrate, Pantani e altre fughe» (2013), a cui sono seguiti «Sex and the bici. Il ciclismo a luci rosse» (2015) e «Il "caso" Fiorenzo Magni. L'uomo e il campione nell'Italia divisa» (2018). L'ultimo libro è invece dedicato allo scrittore più famoso della sua città, Prato: «Curzio Malaparte. Un "maledetto pratese" di ieri raccontato ai toscani di oggi» (2019).

Gli storici hanno sempre saputo che Francesco Redi si era cimentato con una grande quantità di programmi scientifici: ricerche di carattere naturalistico, biologico ed anatomico, certo, ma anche fisico-chimico e farmacologico. Solo in questi anni, però, ci si è resi conto che le opere a stampa di Redi, come d'altra parte quelle di numerosi altri scienziati del Seicento e del Settecento, ci restituiscono un'immagine solo molto parziale e sbiadita del suo lavoro. È nei protocolli di laboratorio, per lo più manoscritti e spesso ancora inediti, che si nasconde la trama reale del vissuto della ricerca scientifica. E nel caso di Redi la massa dei manoscritti inediti è davvero imponente.

Solo i documenti scientifici depositati nel Fondo Redi della Biblioteca Marucelliana di Firenze assommano a 9 volumi per un totale di 3500 - 4000 carte. A questi vanno aggiunti altri materiali, sempre di carattere scientifico, che si trovano presso la Biblioteca Nazionale, la Biblioteca Medicea Laurenziana e la Biblioteca Riccardiana. In più ci sono, come noto, diverse decine di volumi e di lettere, documenti letterari, eruditi, storici. Si tratta di un patrimonio storico e scientfico di enorme interesse, mai esplorato in modo sistematico, che non può più essere lasciato nello stato di abbandono in cui si trova. [2]

Oltre a testimoniare la grande avventura della nascita della scienza moderna, le migliaia di osservazioni e di protocolli di laboratorio che Redi annotò per tutta la vita presentano fatti, curiosità, personaggi e spunti di notevole interesse per il lettore che voglia conoscere la realtà della pratica scientifica e della vita quotidiana del Seicento. Lo studio dei manoscritti rediani può in particolare essere utile per chiarire determinati aspetti relativi al tema del mecenatismo scientifico, che è stato al centro di molte, recenti analisi di sociologia e di storia della scienza che hanno riguardato anche la figura e l'opera di Redi. [3]

Sul fatto che Redi sia stato una delle figure più significative del fenomeno del *patronage* nel Seicento non ci possono essere dubbi. Nel contesto della Toscana medicea Redi fu infatti scienziato e cortigiano, certamente più di altri scienziati della sua generazione come Borelli e Viviani; forse lo fu anche più di Galileo. Redi era medico, e figlio di un medico, ma non lavorò mai ufficialmente all'interno di un'università o di un ospedale come fecero Borelli, Bellini o Malpighi. Quella di Redi era una tipica scienza di Corte e lui stesso si vantava, non di rado, della sua condizione di "cortigiano".[4]

Non disponendo di un vero e proprio laboratorio, Redi sfruttò la Corte stessa come un laboratorio e un «teatro delle esperienze» in cui non erano i visitatori che dovevano recarsi nello studio dello scienziato per assistere ai suoi esperimenti, ma era lo scienziato stesso a portare al suo uditorio la natura e le sue meraviglie, allestendo dimostrazioni estemporanee nei più svariati momenti e situazioni della vita di Corte. [5]

Redi trascorse quasi tutta la sua vita a Corte, da quando aveva 25 anni ed era appena laureato, fino alla morte. Ma a differenza di altri scienziati toscani che ricoprivano l'incarico di *matematico* o di *filosofo* del Granduca, Redi aveva una posizione molto delicata ed influente nel sistema di potere mediceo: fu per oltre trent'anni il medico personale di due Granduchi successivi, Ferdinando II, dal 1666 al 1670 e Cosimo III, dal 1670 al 1696, assolvendo di fatto, dati i suoi rapporti di confidenza con il principe, a delicate funzioni di consigliere politico, di referente culturale ed accademico, di mediatore delle frequenti frizioni tra i diversi esponenti della famiglia regnante. Se si presta fede a quanto Lorenzo Bellini confidò a

Malpighi in uno sfogo che sorprese anche il corrispondente bolognese, Redi era il vero arbitro della vita culturale nella Toscana del secondo Seicento: era lui, infatti, che giudicava «d'ogni mestiere», pesava «ogni talento», decideva «ogni controversia», e guai a chi muovesse «un passo fuori dalla sua direzione», o faceva in modo «di portarsi avanti e promuovere i suoi interessi senza la di lui dipendenza». [6]

La sua posizione di scienziato di Corte consentiva al Redi di godere di numerosi vantaggi. Approfittando della sua posizione di intimità con il sovrano, oltre che delle sue posizioni ufficiali nel sistema di potere, il medico aretino poteva avere una grande disponibilità di materiale sperimentale per le sue anatomie: selvaggina catturata nel corso delle famose cacce granducali nelle innumerevoli ville sparse per la Toscana, pesci donati dai pescatori livornesi al Granduca, e perfino animali esotici che vivevano nel Serraglio del Giardino di Boboli, e che dopo la morte venivano normalmente regalati al Protomedico perché ne facesse l'anatomia. Redi poteva inoltre usare le attrezzature ed il personale della spezieria granducale - di cui era stato nominato responsabile fin dal 1666 - per le sue ricerche tossicologiche, nelle

quali era indispensabile avere a disposizione un'enorme quantità di serpenti e di scorpioni. Proprio per questo, a nessun altro al suo tempo sarebbe stato consentito di «dir di vantaggio» in questo campo, come osservava Giacinto Cestoni, perché l'indagine era stata fatta con «borsa grandissima»: quella del Granduca, ovviamente. [7]
Redi poteva anche impiegare a suo piacimento pittori ed incisori di Corte per far disegnare qualunque curiosità naturalistica gli capitasse per le mani. Un protocollo del 6 giugno 1667 ci informa, ad esempio, che appena gli venne portato un reperto vegetale particolarmente interessante, Redi mise al lavoro non uno ma due pittori contemporaneamente, ottenendo un risultato decisamente sorprendente. Scrive:

«Feci miniare un ramo di queste foglie a Lorenzino Beatrucci. E questo giorno feci che il Pizzighi disegnasse e miniasse uno di questi moscherini in quella grandezza che mostrava il microscopio. Mentre egli stava disegnandolo, questo stesso moscherino partorì drentro al microscopio a occhi veggenti, partorì dico tre bacherozzoli verdi con sei gambe, i quali diedi ordine subito che fossero disegnati accano alla madre.» [8]

Solo chi usufruiva della munificenza medicea poteva realizzare, nel corso dello stesso giorno un'anatomia multipla come quella che si trova descritta in un protocollo del 17 marzo 1668. Redi si trovava a Livorno, nella camera-laboratorio che il Granduca gli aveva riservato dentro la Fortezza del vecchio porto, e stava facendo ricerche zootomiche insieme a Stefano Lorenzini. I due scienziati ricevettero a distanza di poche ore ben quattro esemplari di gru, appena ammazzate dai cacciatori del Granduca, e furono costretti ad un vero e proprio *tour de force*. Non a caso il protocollo copre ben 21 carte del Ms. Redi 31. All'inizio aveva cominciato a scrivere Lorenzini, poi era subentrato Redi. Mentre i due ricercatori stavano lavorando alla all'anatomia della seconda gru, attraverso un costante confronto tra quanto veniva evidenziato dal coltello anatomico e quanto trovavano scritto nei manuali di Bartholin e di Aldovrandi, vennero interrotti dall'arrivo di due altri esemplari, e il fatto venne registrato seduta stante nel protocollo, che recita:

«*In questo stesso punto il Granduca ci mandò due altre grue, una delle quali era quindici libbre, e l'altra 14 ½. Questa grue ci fu data poco momento dopo morta ed era ancora calda.*» [9]

Redi aveva davvero tutti i motivi per rallegrarsi, finché visse il Granduca Ferdinando II, del fatto che il suo grande protettore e mecenate non lasciava mancar «nulla alle sue voglie, con una generosità indicibile», e di rimpiangere poi, quando morì, di aver perduto «molto più di quello che il mondo poteva immaginarsi».[10] Stando così le cose, hanno certamente ragione gli storici e i sociologi della scienza ad identificare Redi come l'incarnazione del perfetto scienziato-cortigiano del Seicento. Tuttavia, questi stessi storici e sociologi hanno spesso portato agli estremi una lettura in chiave sociale e politica della storia naturale rediana, tentando di presentare i suoi esperimenti come l'espressione e il simbolo di un'ideologia di distinzione e di dominio sociale che avrebbero caratterizzato quella sorta di «Club Medici» comprendente la nobiltà di Corte e di suoi *«most privileged male subjects»* che si riuniva intorno all'Accademia del Cimento.[11] In realtà, se si passa dal piano delle affermazioni teoriche ad un'analisi ravvicinata dei documenti, soprattutto se si indirizza la ricerca sui manoscritti piuttosto che sulle opere a stampa, si scopre che le cose stavano esattamente all'opposto. Redi dimostrò sempre, non solo come uomo, ma proprio come scienziato, una straordinaria apertura verso il mondo e la cultura popolare. Lui, che era nobile e scienziato di Corte, Protomedico del Granduca, direttore della farmacia Granducale, e Arciconsolo della Crusca, si compiaceva di intrattenersi quotidianamente con la gente del popolo: uomini illetterati e privi di rappresentanza, che costituivano gli strati più bassi della società del tempo, ma disponevano di un'esperienza pratica sulle piante e gli animali molto interessante per uno scienziato che si faceva un vanto di essere ritenuto nelle cose naturali «il più incredulo uomo del mondo», ed aveva adottato come personale divisa epistemologica di credere solo a quello che aveva osservato «co' propri occhi».[12] Si trattava di contadini e pescatori domestici e cuochi di Corte, cacciatori e uccellatori, cercatori di vipere e di scorpioni, lavoranti di "spezieria" e stallieri. Persone vive di cui Redi riporta spesso nei protocolli le idee, i detti e il sapere: non, dunque, semplici comparse mute che, con il loro silenzio, testimonierebbero la realtà di gruppi sociali subalterni e trascurati, ma veri e propri protagonisti dello stile di ricerca del naturalista aretino.

Alcuni di questi individui, è vero, compaiono in molti protocolli come semplice materiale da esperimento, cavie viventi utilizzate per testare l'efficacia di certe medicine; ma altri si erano conquistati sul campo il ruolo di collaboratori a tempo pieno dello scienziato, anche se destinati a rimanere «invisibili» nei resoconti delle opere a stampa. Tanto nei confronti degli uni che degli altri Redi mostrò sempre una spiccata simpatia, tant'è vero che ritenne doveroso toglierli dall'anonimato e citarli per nome, o più confidenzialmente per soprannome. Ecco un variopinto caleidoscopio di umanità popolare della Toscana più schietta che riemerge dai protocolli sperimentali di uno scienziato del XVII secolo, ma che forse potremmo incontrare anche ai giorni nostri girando per le campagne ed i quartieri più popolari delle nostre città.

Tra i «venturieri di bassa fortuna» che venivano impiegati alla giornata per i bisogni di Corte troviamo alcuni personaggi dei soprannomi davvero curiosi, che vennero utilizzati da Redi e da altri medici di Corte nel corso dell'estate 1660, come cavie a pagamento per sperimentare le virtù lassative di alcune essenze. All'inizio non era stato affatto facile trovare dei volontari, nonostante la promessa di generose ricompense, perché, giustamente, la paura era tanta. Scorrendo il Ms. Redi 199 della Biblioteca Medicea Laurenziana si può assistere a questa gustosa scenetta, che ci viene riportata con queste parole:

«Non si mancò di cominciare a praticare la volontà di S.A.S. ma in alcuni venturieri di bassa fortuna che seguitano la Corte, se ne trovò qualcheduno e promesso di sodisfare a quanto gli veniva imposto, si indussono al luogo dove era preparato quello che dovevano pigliare, e perché gli pareva ardua pigliar tal materia, si mettevano il bicchiere della roba alla bocca e dicevano non voglio ancora morire».[13]

Alla fine, però si fece avanti un tizio «più risoluto degli altri» che Redi identifica come «il Moscovito venturiere» (forse un russo capitato chissà come a Firenze) che trangugiò la pozione, non ebbe problemi (tranne quelli ovvi che capitano a chiunque prenda una purga), e così anche gli altri si convinsero. Il Redi li ricorda uno ad uno, c'era un tale che non doveva essere, come si dice, un'aquila, se veniva chiamato «Cervellone», un altro doveva invece essere proprio fuori di testa se veniva citato come «Raffaello detto il matto», un altro ancora era un tipo decisamente tranquillo perché portava il soprannome di «Mangia e dormi».

Compaiono poi altri tipi strani che dai loro soprannomi tradiscono sembianze, abitudini, provenienze, ben note a Corte. Ci sono il «Moretto, venturiere», «il cuoco che sta su ponte a S. Trinità, fratello di Cervellone», «Mestolino piccino», «il Fiuta», «Giovanni detto il Moro», «Cencio» o «Cencino che serve il Romano cacciatore», chiamato poco dopo «Vincenzino detto Cencio», «Domenico detto il Poggese», da distinguere da un altro «Domenico, detto Popone», «Benedetto fattore di Maestro Bartolomeo, Barbiere sulla piazza de Pitti», che era forse lo stesso identificato come «il Mula, fattore del barbiere di su la piazza de Pitti», «Pippo detto Barbigi» e «Pagolino di cucina comune detto Veneziano». Sei di loro, precisamente «il Fiuta», «il Mula, fattore del barbiere», «Lorenzino detto Cencino»,« Domenico detto il Poggese», «Mestolino piccino venturiere» e «Pippo detto Barbigi», non dovevano certamente essere delle comparse mute e docili nelle mani dello scienziato, se ad un certo punto della campagna di ricerca, dovendo sorbirsi anche un clistere, oltre ad una massiccia pozione di un intruglio più strano del solito, avevano inscenato un vero e proprio sciopero pretendendo di avere uno zecchino a testa: pretesa che venne giustamente ritenuta esorbitante anche da un Granduca che non badava a spese come Ferdinando II.[14]

Ad un gradino appena più in alto nella gerarchia di Corte troviamo alcuni cacciatori come «il Ciompo« di Montelupo [15]; e «il Morino di Pia» [16]; un pescatore di Livorno di nome «Pelo» [17]; un cercatore di scorpioni di Pistoia chiamato «Mattio».[18] Tra il personale della Corte granducale di Firenze, Redi ricorda Giacinto, lavorante della Fonderia, «Vincenzo Sandrini», che era uno degli «espertissimi operatori della spezieria del Serenissimo Granduca», lo staffiere «Checchia», e «il Leoncini» che si occupava degli animali del serraglio di Palazzo Pitti.[19] Nettamente al di sopra di tutte queste figurine, più o meno curiose e simpatiche, si stagliano tre personaggi dell'ambiente di Corte che Redi assunse come veri e propri collaboratori scientifici a tempo pieno: Jacopo Sozzi, detto il «Viperaio», Francesco Tozzi, «staffiere Granducale» e «Padron Peppo», marinaio di Livorno.

La figura di Jacopo Viperaio, «che in ottant'anni della sua vita non aveva fatto altro mestiere che del pigliar vipere» [20] è ben conosciuta perché Redi gli ha dato vita e veste letteraria nella sua prima memoria a stampa, le *Osservazioni intorno alle vipere*. Nel giugno 1663 c'era stata un'accesa discussione a Corte sulla localizzazione del veleno delle vipere adoperate in abbondanza per preparare la teriaca nella spezieria granducale. Si era sviluppato un dibattito nel quale erano venuti a confronto i più disparati pareri. Ad un certo punto era intervenuto il Granduca in persona per dare ordine alla discussione: «Stavasi così tenzonando quando S.A. Serenissima comandò, che per ritrovare questa verità ogni esperienza si facesse, che più a ciascheduno per riprova di sua opinione fosse piaciuta fare». Venne deciso allora di esaminare per prima la teoria che voleva che il veleno fosse localizzato nel fiele, sostenuta a spada tratta, e con un corredo di una sequela di autorità mediche e filosofiche, da «un dottissimo uomo e molto pratico nella lettura degli antichi e de' moderni autori». La discussione era ad un punto morto, quando irruppe sulla scena Jacopo Viperaio, incaricato da Redi di interpretare la parte della brutta esperienza che uccide la bella teoria, secondo la nota metafora di Thomas Henry Huxley.

Se ne stava in questo mentre ad ascoltare cola in un canto Jacopo Sozzi cacciatore di vipere uomo da esser paragonato con gli antichi Marsi, con gli antichi Psillio, ed appena dal ridere potendosi contenere sogghignando prese un fiel di Vipera, e stemperato in un mezzo bicchiere d'acqua fresca, giù per la gola se lo gittò con volto un trepido, e diede a di vedere quanto ingannati si fossero i suddetti autori virgola e si offerse di bere tutta quella quantità di fiele virgola che più fosse aggradito.

Dopo aver fatto «toccare con mano» agli schizzinosi e vacui cortigiani la realtà, dimostrando l'inconsistenza empirica delle loro teorie, subito dopo il rozzo viperaio si offrì di risolvere alla sua maniera anche un'altra questione, a lungo oggetto di disputa nella letteratura medica: se, cioè, il veleno di vipera preso per bocca poteva uccidere.

Prese Jacopo, una vipera delle più grosse, delle più bizzarre e delle più adirose, e fece a lei schizzare in un mezzo bicchiere di vino non solo tutto 'l liquore, che nelle guaine avea, ma ancora tutta la spuma e tutta la bava che questo serpentello, agitato, percosso, premuto, irritato poté rigettare e si bevve quel vino come se fosse stato tanto giulebbo perlato. Ed il seguente giorno con tre vipere per attorcigliate insieme, fece di nuovo il medesimo giuoco senza, una paura al mondo.[21]

A differenza di Sozzi, Tozzi e «Peppo» erano fino ad oggi dei perfetti sconosciuti e le loro figure emergono solo attraverso la consultazione dei protocolli manoscritti. Francesco Tozzi era uno staffiere di Corte, ma in pratica collaboratore a tempo pieno di Redi. Senza di lui difficilmente il naturalista aretino avrebbe portato a termine le sue ricerche sulle galle degli alberi. Per Tozzi andare a cavallo non era certo un problema, se è vero che venne spedito da Redi nel corso degli anni 1666 e 1667 in ogni più remoto angolo della Toscana - dalle macchie costiere situate tra Pisa e Livorno, alle ville di Artimino e Poggio a Caiano, fino alle montagne appenniniche di Vallombrosa, Camaldoli e della Verna - con l'incarico di riportare a Firenze ogni curiosità naturale che gli fosse capitata alle mani riguardante faggi, querce, farnie, olmi, lecci ed altri tipi di piante. Ecco, per fare solo un esempio, tra i tanti possibili, una sintesi del materiale portato da Tozzi il giorno 14 agosto 1666. La relativa descrizione occupa ben quattro pagine del Ms Redi 34.

Francesco Tozzi tornò di Vallombrosa e portò dei rami di faggio con le fagiuole [...]. Portò delli rami d'alberello, i quali avevano nelle foglie certe pallottole rosse, vote dentro ed in ciascheduna di esse vi era un baco rosso [...]. Portò delli rami di lampioni [...], portò dei rami di quercia [...].Portò dei quei ricci lisci del cerro.

Portò un ramo di quercia nel quale era una galla coronata e una liscia. Portò certe foglie di cerro, che per di dreto aveva una certa lanugine di colore rossissimo. Portò de' ricci lisci di cerro verdi lisci, attorcigliati al ramo[...]. Portò di Vallombrosa, delle Galle coronate[...]. Portò il Tozzi di Vallombrosa, moltissime di quelle galle umbelicate del Bavino.[22]

«Padron Peppo» comandava alcune delle navi della flotta del Granduca Ferdinando II a Livorno, ed era un pescatore provetto. Tutte le volte che tornava dalle sue gite in mare, riportava al Redi qualche esemplare particolare di pesce, e non di rado interveniva anche il Granduca a discutere con il marinaio e l'anatomista, come si vede nel protocollo del 16 Marzo 1667 che recita:

Patron Peppo capitano della feluca delle galere mi portò due pesci i quali diceva di non avere mai veduti in questi mari. Il granduca Ferdinando gli fece vedere a molti pescatori de' più vecchi ed ognuno disse che non ne avea più veduti.[23]

«Peppo» non riportava a Redi solo pesci e molluschi di ogni genere, ma gli forniva anche informazioni sulle identificazione delle specie e le loro abitudini. Scorrendo il protocollo del 25 febbraio 1679, dedicato ai polipi, sembra quasi di trovarsi di fronte ad un'intervista:

Disse Peppo di aver preso de polipi che pesavano quaranta libbre l'uno. Disse che i polpi di scoglio sono più forti de' polipi che si pigliano delle catane, imperocché questi abitano più nei fondi renosi e fangosi. Disse che il polipo è nemico delle locuste, è che le abbranca e le succia che non vi rimane altro che il nudo guscio. Disse che il polipo si sotterra fra i sassi, e fa come una piazza spazzata all'intorno di sé e che tiene fuora alle punte delle sue gambe con le quali adesca i pesci, e quando questi si accostano con esse gambe li piglia. Disse che ghiottissimo dei favolli, che sono una spezie di granchio di mare, e ne è così ghiotto che quando i pescatori li mettono un favollo intorno, o fame o non fame che s'abbia, se gli getta gelosamente a pigliarlo. Disse di aver osservato che le murene ammazzano i polipi e son loro nemiche, e che se talvolta le murene tagliano a' polipi le gambe, che dette gambe sul tagliato gettano un nuovo germoglio più piccolo, e disse di averne venduti moltissimi.[24]

Il protocollo che ci restituisce con maggiore vivacità, anche letteraria, il ruolo svolto da «Peppo» nel vissuto della ricerca rediana venne stilato l'undici Aprile 1667, in cui cadeva quell'anno «il lunedì di Pasqua». Si racconta una battuta di pesca notturna all'interno del porto di Livorno, alla quale aveva partecipato, oltre al Redi, anche un altro protagonista della rivoluzione scientifica del XVII secolo, il danese Niels Stensen. Ecco l'inizio del testo:

Il Ser.mo Granduca mi fece grazia che sulla falluca delle galere andassi alla pesca del lanciare colla fiocina. Venne Padron Peppo con altri due marinai. Venne il Marchese Cav. Coppoli ed il S. Niccolò Stenone. Si accese il lume sulla poppa sovr'un torcere di ferro ed il lume era fatto da schegge di pino che continuamente si mettevano sopra. Ci partimmo dalla chiatta a mezz'ora di notte, e cominciammo ad attorniare la fortezza. Il tempo era sereno, il mare tranquillo e si vedeva benissimo ogni fondo. Cominciammo a trovare delle seppie.[25]

Redi ha sempre manifestato, anche nelle opere a stampa, un atteggiamento di grande libertà intellettuale che lo portava naturalmente a prestare fiducia a quello che aveva toccato «di propria mano» e riscontrato «con gli occhi propri» piuttosto che a quello che veniva fermato da famosi autori antichi e moderni, che non di rado avevano tramandato nelle loro opere gli errori e le credenze più inverosimili. La più efficace formulazione di questo imperativo metodologico si trova espressa in una lettera del 30 settembre

1682 a Jacopo Del Lapo, dove Redi scrive:

Oggi, avendomi S.A.S. donati certi Ghiri, e certi scoiattoli, mi sono preso per passatempo a farne noto-mia, e vi ho osservate alcune particolari minuzie, ma più di ogni altra cosa ho considerato la poca credenza che si può dare agli Scrittori delle cose naturali; onde sempre più mi confermo nella mia antica opinione, che chi vuole ritrovare la verità, non bisogna cercarla a ta-volino su' libri, ma fa di mestiere lavorar di propria mano, e vedere le cose con gli occhi propri.[26]

Fedele a questo convincimento, non di rado Redi preferiva dare ascolto alla voce di semplice gente del popolo, che certamente non sapeva di latino ma aveva un'esperienza diretta della vita degli animali, piuttosto che credere ai vari Aristotele, Galeno e Plinio, tra gli antichi, Aldrovandi, Kir-cher, Gesner, Blasius e Bauhin tra moderni. Scor-rendo i protocolli c'è solo l'imbarazzo della scelta. Prendiamone uno redatto a Pisa il 21 dicembre 1667, in cui Redi mette chiaramente a confronto le informazioni acquisite dai pescatori con quelle ricavabili dai manuali di anatomia comparata. Si tratta anche in questo caso di una sorta di inter-vista, in cui, piuttosto singolarmente, è lo scien-ziato - il quale è nobile e cortigiano - che sta zitto e scrive sul suo quaderno, mentre a parlare è un pescatore ignorante. Scrive Redi:

Eramo in Pisa. Un pescatore venne a dire al Ser.mo Granduca mio signore che aveva un vitello marino. S.A.S. lo fece condurre al mio quartiere. Non era de' grandi ma era giovinetto, e non pesava più che ottanta libbre. Era maschio. Dissi a S.A.S. che sarebbe stato bene che lo comprasse per farne notomia e S.A.S. me ne fece grazia, facendo pagare sei piastre al pescatore, e mi comandò che interrogassi il pescatore della natura di questo pesce, per vedere se confrontava con quello che ne scrivono l' Aldovrando , il Rondelezio, il Jonstono e gli altri scrittori di storia naturale. Questo pescatore, che si chiamava Pelo per soprannome, era un uomo praticissimo nel suo mestiere, e particolarmente nella pesca dei tonni che si fa Portoferraio. Mi disse dunque che il vitello Marino, o vecchio Marino se lo chiamino, è ghiottissimo del tonno e che quando i pescatori tendono le reti nelle tonnare sempre se ne vede di questi vitelli all'interno delle reti, e che fanno grandissimo danno a pescatori strappandogli le reti. Mi disse che perlopiù si pasce di erba e di pesci presi alle reti, perché il predar da per sé se gli rende difficile per essere in acqua pigro al moto. Mi disse che ne aveva presi di quelli che pesavano fino a settecento libbre. Mi disse che il vitello marino figlia in terra, cioè in alcune grotte tra gli scogli, e che la femmina partorisce quattro o cinque figliuoli.[27]

Redi era solito prestare attenzione alla "scienza popolare" soprattutto quando si trattava di dare una denominazione alle diverse specie di cui studiava la morfologia e le abitudini. Mancando all'epoca ogni tipo di nomenclatura scientifica, ed essendo specie che nessuno quasi aveva prima di lui studiato in modo scientifico, Redi si trovava spesso in imbarazzo. A volte riprendeva le denominazioni reperibili nella letteratura specializzata (Teofrasto, Dioscoride e Bauhin per le piante, Aldovrandi e Blasius per gli animali) oppure inventava lui stesso dei nomi, ma il più delle volte si appropriava delle denominazioni popolari del linguaggio dei contadini, dei cacciatori e dei pescatori. Questo vale per esempio per certe particolari galle delle querce, per le quali Redi aveva adottato la definizione di «pan di cuculio».

Epperché i cuculi, come credono i nostri villani per pascersi de' detti moscherini van beccando queste pallottole, perciò le anno chiamate pan di cuculio.[28]

Spesso Redi si rivolgeva a contadini e cacciatori per trovare conferma alle sue personali osservazioni. In un protocollo del 25 maggio, redatto alla villa di Poggio Imperiale, il naturalista aretino racconta ad esempio di aver trovato dei baccelli con 9 piselli dentro. Siccome non ne aveva mai visti prima di fatti così, aveva creduto bene di rivolgersi per conferma ai contadini del posto: «E nota che con 9 granelli non mi ricordo di averne mai veduti. E sopra di ciò interrogai alcuni contadini, ed ancor essi dicevano di non ne avere mai veduti».[29] In altri casi, invece, Redi non esita a riferire in modo integrale le informazioni assunte dai cacciatori, anche in mancanza di riscontri personali. Cosa che, in teoria, era vietata dalla sua epistemologia. In un protocollo del 3 maggio 1683 si legge:

Nota che questo uccello che sempre ho chiamato Rovescino, dai migliori cacciatori è chiamato Lepricino. E gli danno tal nome perché sta acquacchiato e rannicchiato in terra come stanno le lepre, e è nel dorso dello stesso colore dela lepre.[…] Questo uccello in caccia si prende co' falconi, o per dir meglio, con una frase cacciatoresca, si vola co' falconi. […] Dicono che i cacciatori che di questi uccelli ve n'è una razza minore che non è maggiore delle lodole. Io non ne ho veduti.[30]

Si è detto abbastanza, mi pare, dei vantaggi che il sistema della scienza cortigiana poteva offrire a Redi. Questo sistema produceva però anche una serie di condizionamenti, di cui Redi era ben consapevole dal momento che se ne lamentava spesso. In primo luogo, c'era il fatto che lo scienziato aveva la responsabilità della salute del Granduca e non poteva disporre a suo piacimento del proprio tempo. Quando il Granduca o qualcuno di famiglia era ammalato, Redi di non poteva muoversi da Palazzo Pitti, e non tornava a casa per settimane.[31]

Di questo si lamentava non solo nelle lettere, ma perfino nei protocolli dove si incontrano frequenti rimostranze per le interruzioni degli esperimenti imposti dagli obblighi di Corte. Il 12 marzo 1683, per esempio, Redi si trovava alla villa dell'Ambrogiana, presso Montelupo Fiorentino, ed era impegnato nell'anatomia di un'esemplare piuttosto eccezionale di pellicano, catturato vivo dai cacciatori del Granduca sulle rive dell'Arno, ma si trovò costretto a chiudere il protocollo con questa sconsolata lamentazione:

Molte altre cose vi erano da osservare, ma nell'osservazione di un solo animale molte parti si guastano per osservare altre cose, onde poi molte altre cose non possono osservarsi; e bisognerebbe ancora avere più tempo e meno di occupazioni che non ho io, che osservo queste minuzie per un poco di sollievo di animo, e di più quando sono nel buono dell'osservazione soventemente vengo ininterrotto e necessitato ad oprar in altro.[32]

Ancora più significativa appare la relazione di un esperimento chimico fatto nei giorni 30 e 31 maggio 1689 a Poggio Imperiale, fuori Porta Romana, a Firenze. Redi aveva iniziato a lavorare di buona lena il mattino, «a ore 9 e tre quarti«, ma alle «ore undici in punto», proprio mentre stava facendo una delicata misurazione, aveva dovuto lasciare i suoi alambicchi perché ora stato «chiamato dal Granduca»; dopo essere stato fuori «intorno a un'ora», era tornato nella sua stanza, ma aveva potuto fare poco perché era stato convocato «dalla Granduchessa»; nel pomeriggio non aveva nemmeno iniziato gli esperimenti perché la sua presenza era stata richiesta con urgenza dall'altra parte di Firenze, alla villa della Petraia. Il Redi era tornato a Poggio Imperiale «a ora due della notte», e - incredibile a dirsi - si era messo a fare misurazioni, poi giustamente era andata a letto. La mattina dopo, «a ore dieci e mezzo«, aveva ripreso con le migliori intenzioni la ricerca, ma aveva potuto stare tranquillo solo fino alle «12 ore e 1/2», perché era stato costretto nuovamente a ripartire per la Petraia. Ecco, infatti, come termina il suo protocollo:

Qui bisognò lasciare ogni cosa perché mi convenne entrare in una muta a sei cavalli, e andare alla Petraia a servire il Serenissimo G(ran) Principe Ferdinando di Toscana, e non tornai qui all'Imperiale se non sabato mattina 4 di giugno a ora di desinare 1689.[33]

Le esigenze cortigiane non condizionavano solo i giornate di Redi, ma anche i primi ritmi della sua vita e del suo lavoro nel corso dell'anno, dal momento che la dinamica dei diversi cicli sperimentali doveva obbedire agli spostamenti periodici della Corte, che rimaneva a Firenze e nelle ville del circondario sono nei mesi estivi, mentre per il resto dell'anno peregrinava in continuazione attraverso la Toscana come un grande circo viaggiante. La scansione stagionale degli spostamenti della Corte nel corso dell'anno aveva un ritmo abitudinario che difficilmente, a meno di eventi eccezionali, veniva alterato. Tra le tradizionali villeggiature previste dal calendario della Corte medicea, la più importante era quella invernale e primaverile a Pisa e Livorno; seguivano i soggiorni estivi a Poggio Imperiale, a Castello e alla Petraia, e quelli autunnali ed invernali nelle diverse ville sparse sul Montalbano come Artimino, Cerreto Guidi e Ambrogiana. In queste condizioni, Redi era costretto, non di rado, ad interrompere le sue campagne di ricerca e a riprenderle dopo qualche mese, quando poteva rientrare a casa con la Corte. In altre occasioni, invece, confessava di non trovare più il tempo e la voglia per portare a termine ricerche sperimentali di un certo impegno. Ecco, per esempio, come illustrava la sua condizione a Bellini:

Volentieri volentierissimo io mi metterei a fare la prova accennata dal signor Malpighi, volentieri volentierissimo. Ma caro il mio signor Bellini fra pochi giorni mi convien partire con la Corte alla volte dell'Ambrogiana. Dall' Ambrogiana Dio sa dove dobbiamo andare. E dove andremo, staremo poco; e di lì a Pisa. Da Pisa a Livorno. Da Livorno a Pisa. Da Pisa all'Ambrogiana. Dall'Ambrogiana alla Petraia. Ora come posso mettermi a fare quell'esperienza? [34]

Ma oltre a questi, che in fondo erano piccoli inconvenienti normali in ogni tempo e per ogni scienziato, nel sistema della scienza di Corte vi erano dei veri e propri svantaggi rispetto ad una ricerca condotta in modo individuale e senza finanziamenti pubblici: svantaggi, occorre dirlo, dei quali Redi non riuscì mai a rendersi conto. Essi si annidavano nelle piaghe stesse della ricerca, nell'organizzazione materiale delle pratiche sperimentali, e potevano anche arrivare a condizionare in modo decisivo le scelte teoriche. Possibilità questa, che in genere i sociologi della scienza non prendono nemmeno in considerazione. Il caso del famoso "errore" commesso da Redi nella spiegazione della generazione degli insetti delle galle, da lui attribuita ad una presunta "anima sensitiva" delle piante invece che a uova disseminate da insetti - caso che ormai è entrato a far parte dell'album degli "errori" più clamorosi di tutta la storia della scienza - dimostra che questa possibilità era terribilmente reale. Per spiegare come mai uno scienziato scrupoloso come Redi fosse caduto in un errore così grossolano, che rischiava di compromettere la sua stessa battaglia contro il pregiudizio della generazione spontanea, gli storici si sono sbizzarriti a trovare le spiegazioni più diverse. Fondamentalmente però, le ragioni che vengono più di frequente addotte sono due: alcuni lo hanno attribuito al fatto che gli aveva dato maggior peso alle speculazioni che agli esperimenti; altri hanno invece sostenuto che Redi sarebbe stato ingannato proprio dallo stesso metodo delle "reiterate esperienze" che lo aveva felicemente portato alla negazione della generazione spontanea degli insetti.[35] La mia impressione è invece che la causa del clamoroso errore affondasse le sue radici proprio nello stile cortigiano della sua ricerca. Redi era stato, cioè, portato fuori strada proprio da quella che lui considerava la propria forza, quella incredibile posizione di privilegio di cui si era pubblicamente vantato dicendo che in tre, quattro anni aveva esaminato «più di ventimila gallozzole».[36] Era la sua condizione di scienziato Corte, quella invidiabile condizione che gli aveva consentito di utilizzare un gran numero di assistenti per farsi portare direttamente in laboratorio una massa imponente di materiale sperimentale, senza bisogno di fare lui le osservazioni sul campo.

Questo imprevedibile sviluppo della scienza rediana, se risulta del tutto ignota e moderni sociologi della scienza, era stato avvertito da un contemporaneo e stretto collaboratore di Redi, come Giacinto Cestoni, il quale fece questa lucidissima diagnosi del metodo di ricerca dell'amico in una lettera ad Antonio Vallisneri:

Di tutto quello che il Redi operò (o la maggior parte) lo fece a tavolino con la gran borsa del Gran Duca Ferdinando de Medici, e non andava (come faceva il Malpighi) a veder crescere le zucche. Mi disse più volte che il Gran Duca aveva tanto il gran genio nelle cose naturali, che lui stesso ordinava staffieri, giardinieri et a Persone di campagna, che portassero al Redi di quelle cose, che trovavano, che paresse loro stravagante et incognite, tenendosi la borsa aperta per regalare a chiunque portava Bachi, bruchi, Crisalidi, bitorzoli, Aurelie, foglie, o tronchi storti, e cose così fatte.[37]

Stando ai protocolli di laboratorio attualmente disponibili, risulta che solo eccezionalmente Redi ricorse all'osservazione diretta delle galle ancora attaccate agli alberi. Per il resto si servì sempre dello staffiere Francesco Tozzi. In tre casi soltanto, infatti, avvenuti tutti nel 1667, i documenti ci mostrano il medico aretino che era andato a procurarsi di persona il materiale per le sue ricerche in campagna e per i boschi.

Il protocollo più interessante è quello del 27 maggio 1667. Tozzi gli aveva portato alcuni rami di sambuco molto singolari, sui quali stavano attaccati «milioni di buchi neri minutissimi» di tre specie diverse che Redi aveva ritenuto particolarmente interessanti se li aveva osservati ripetutamente anche «col microscopio». Poi però, siccome la pianta di sambuco non doveva trovarsi molto lontano da Firenze, il Protomedico Granducale era andato a controllare di persona, ma dal resoconto si capisce facilmente che era stata una decisione che usciva dalle sue tradizionali regole di condotta. Annotò infatti, a sua personale memoria, nel protocollo: «volli vedere l'albero di questo sambuco». E fece bene, perché osservò cose sorprendenti ed inaspettate, che avrebbero potuto mettere in crisi tutta la sua interpretazione della genesi dele galle. Ma non si accorse di quello che pure aveva avuto sotto gli occhi. Certo, aveva subito notato che sul sambuco «vi erano infinitissime mosche della razza di quelle che si aggirano per le nostre case», che l'albero era «pieno di infinite farfallette», e che in più «vi erano molti bruci». Ma pur avendo compreso che le farfallette molto probabilmente nascevano dai bruci, non sospettò neppure per un momento che bruci stessi scaturissero da uova deposte dagli stessi insetti che ronzavano intorno al sambuco.[38] In questo modo il grande Redi, lo scienziato di Corte che poteva disporre di facilitazioni inimmaginabili per qualunque altro scienziato del suo tempo, non riuscì a vedere quello che videro subito uno scienziato che lavorava in modo privatistico come Marcello Malpighi, o un modesto Speziale di provincia come Giacinto Cestoni, vissuto sempre ai margini del mondo accademico e della scienza ufficiale del Seicento. Redi invece, lavorando nel chiuso del suo laboratorio, era riuscita a sviscerare ogni aspetto un ciclo riproduttivo larva-insetto all'interno delle galle, ma gli era sfuggito il fatto preliminare: l' aggirarsi vorticoso degli insetti sui fiori e le gemme delle piante, e la disposizione delle uova nel luogo stesso dove si sarebbero formate le galle.

La "Big Science" *ante litteram* del Seicento, la famosa scienza cortigiana della tradizione medicea che aveva celebrato i suoi trionfi scientifici con Galileo e con l'Accademia del Cimento, nel caso di Redi aveva fatto un fiasco clamoroso. Certo, si trattava di un caso molto particolare, come molto particolare (e anche complicata e difficile) era l'indagine sugli insetti delle galle. Un motivo in più, mi pare, per indurre gli storici a non generalizzare troppo in fretta partendo (come nel caso di Redi) da una base troppo ridotta di documenti: situazione che dovrebbe invece indurre, secondo me, a valutare le situazioni nella loro specificità, e non estrapolare da casi individuali presunte leggi generali della storia e della scienza. Altrimenti si rischia che, alla prova dei fatti, queste leggi esistano e funzionino solo nell'immaginazione di chi guarda al passato non per quello che è stato effettivamente, ma per ritrovare nel passato quello che appare funzionale ai propri schemi interpretativi.

Osservazioni intorno alle vipere

FRANCESCO REDI

1664

MIO SIGNORE. [39]

Ogni giorno più mi vado confermando nel mio proposito di non voler dar fede nelle cose naturali, se non a quello che con gli occhi miei propri io vedo, e se dall'iterata, e reiterata esperienza non mi venga confermato: imperciocché sempre più m'accorgo, che difficilissima cosa è lo spiare la verità frodata sovente dalla menzogna, e che molti Scrittori, tanto antichi, quanto moderni somigliano a quelle pecorelle, delle quali il nostro Divino Poeta:

Come le pecorelle escon dal chiuso

Ad una, a due, a tre; e l'altre stanno

Timidette atterrando l'occhio, e 'l muso;

E ciò che fa la prima, e l'altre fanno

Addossandosi a lei, s'ella s'arresta

Semplici, e quete, e lo 'mperché non sanno. [40]

In cotal guisa appunto, se uno de gli antichi savi registrò per vero ne' suoi volumi qualche racconto, dalla maggior parte di coloro, che son venuti dopo, alla cieca, e senza cercar'altro è stato creduto, è stato di nuovo scritto sotto la buona fede di quel primo, che lo scrisse, e così alla giornata si parla, come i pappagalli, e si scrivono, e si leggono, e si credono dal troppo credulo, ed inesperto volgo dei letterati bugie solennissime, ed a chi ha fior d'ingegno stomachevoli. Io loderò sempre, e fin che avrò fiato celebrerò le glorie di Ferdinando Secondo [41] Gran Duca di Toscana unico mio Signore, il quale se tal volta per breve ora deposti i più gravi affari del governo si diporta fra le amenità delle filosofiche speculazioni, lo fa non per un vano, ed ozioso divertimento, ma bensì per ritrovar delle cose la mera verità nuda, pura e schietta; che però con reale ed indefessa magnificenza somministra del continuo a molti valent'uomini tutte quelle comodità, che necessarie sono per arrivare ad un fine così lodevole. E se l'antica fama già descrisse tanto liberale Alessandro [42] in promuovere gli studi del suo Aristotile [43], il mio Signore, si come nella liberalità a quel Gran Monarca non cede, così nella cognizione delle cose, e nella prudenza di gran lunga lo si lascia indietro. E se a' nostri giorni non vivono gli Aristotili, son però sempre stati trattenuti nella Toscana Corte soggetti ragguardevoli, ed insigni, ed oggi insin dalla da noi per così lungo spazio divisa Inghilterra, e da molte altre parti più remote del mondo vi son venuti uomini di alta fama, che con istupore anche dei più dotti mostrano ogni giorno più d'avere

Pien di Filosofia la lingua e 'l petto. [44]

Quindi è, che non potrei mai a bastanza, o Sig. Lorenzo, spiegarvi, quante esperienze in questa Corte dopo la vostra partenza si sono fatte, e per mezzo di quelle a quante menzogne si è cavata la maschera. Per farvi gola, e per incitarvi ad un sollecito ritorno, voglio qui brevemente, in parole semplici, e senz'artifizio raccontarvi secondo che alla memoria mi verranno alcune osservazioni, che queste settimane addietro intorno alle Vipere si sono fatte. E poiché delle vipere si ragiona, io, per iscusa del mio temerario ardimento nell'imprendere materia, nella quale tanti, e così grand'uomini de presenti e dei passati secoli si sono abbagliati, mi varrò molto acconciamente delle parole del giovinetto Alcibiade nel Convito[45]:

Io sono (dic'egli) *nel medesimo grado di coloro, i quali sono stati morsi dalla vipera. Dicesi, che*

questi tali non vogliano sfogare la loro passione, se non con quelli, i quali dall'istesso animale sono stati parimente morsicati; conciossiecosa ché son si acerbi i dolori, e si acuti gli spasimi, che la ferita di quel maligno dente ne imprime, che ad ogni altro fuori di quelli, che per prova imparato lo anno, incredibili sarìeno, e i gravi affanni, e le misere strida per troppo teneri lezi, e puerili sarebbono reputati. Ond'io, che da un più acuto morso ferito sono, cioè da quello dell'amore della Filosofia, il quale non men della Vipera miseramente pugne, particolarmente quando egli accarna ne i giovanili animi, o di coloro, i quali interamente privi di senno o insensati affatto non sono, trovandomi da solo a solo con esso voi, non mi vergognerò di palesarvi le grandi smanie, che io ne meno, e come procuri col balsamo della verità risanarlo; benissimo sapendo, quanto in sul vivo, e niente meno di me ne siate punto ancor voi.

Da Napoli arrivarono al principio di Giugno le vipere per compor la Triaca [46] nella Spezieria di S.A.S. alla di cui presenza, e di tutti gli altri Serenissimi Principi favellandosi di questi animali, e della gran parte, che egli anno nella composizione di quel maraviglioso antidoto, si venne a dire del lor veleno, e di quel, ch'ei fosse, ed in qual parte del lor corpo n'avessero la miniera.

Alcuni dissero, non aver la vipera altro veleno che i propri denti, i quali asserivano esser lavorati d'una tal figura, che per l'acutezza della punta, o del taglio dei biscanti [47] invisibili delle loro facce per avventura incavate, o condotte con altro strano lavoro, ferendo le tenerelle fibre, ed i sottilissimi nervi, da questi ne' maggiori rami l'acerbissime punture serpendo, quindi gli acutissimi dolori, e le mortali convulsioni derivino. Altri, agramente impugnata questa opinione, affermarono, non essere il dente, né per se medesimo, né per cagion della figura velenoso: ma che colla ferita faceva strada al veleno, che sta nascosto in alcune guaine, che coprono i denti alla Vipera, da' Greci chiamate τῶν ὀδόντων χιτῶνας [48]; ed a queste guaine era tramandato dalla vescica del fiele per alcuni sottilissimi canaletti, che da quella alle gengive si diramano, soggiugnendo, che il fiele viperino beuto è un tossico de più mortiferi che in terra trovar si possano. Da altri fu data la colpa alla bava ed alla spuma, che fa la Vipera, quando quasi arrabbiata, e tutta gonfia per la stizza s'avventa a mordere. Alcuni scherzando suggerirono, che forse, conforme al parere di molti antichi e conforme al trivial proverbio [49], il veleno altrove non istava, che nella coda o nell'ultimo pungiglione di quella. Risero certi cavalieri sentendo quest'ultima opinione, ed uno di loro soggiunse, che da tanta diversità di pareri ben appariva essere stato troppo ardito quell'antico Filosofo, che si era dato ad intendere di saper tutte le cose, e modesto quell'altro, che di tutte era dubbioso; e per far sovvenire il nome d'ambedue disse col Petrarca [50]:

Vidd'Ippia [51] *il vecchiarel, che già fu oso*

Dir'io so tutto, e poi di nulla certo,

Ma d'ogni cosa Archesilao [52] *dubbioso.*

Stavasi così tenzonando, quando S.A.S. comandò, che per ritrovare questa verità ogni esperienza si facesse, che più a ciascheduno per riprova di sua opinione fosse piaciuta di fare. E perché la maggior parte pareva che aderisse a credere, nel fiele annidarsi il mortal veleno, dal fiele fu determinato di cominciare; e tanto più, che un uomo dottissimo, e molto pratico nella lettura de gli antichi, e dei moderni Autori scommesso avrebbe tutto il suo, che ogni minima gocciola di fiel di Vipera beuta ammazzato avrebbe un uomo dei più robusti, e qual si sia bestia più feroce, soggiugnendo, che oggi mai questa era una cosa passata in giudicato, che insegnata a i Medici l'avea Galeno [53]; che Plinio [54] l'aveva detto a lettere di scatola [55], che Avicenna [56] fu d'opinione, che poco giovassero i medicamenti a coloro, che'l fiel della Vipera beuto aveano, che Rasis [57] avea tenuto, che non valesse alcun senno, né medicinale provvedimento, ma che vi fosse necessario l'aiuto divino, che Alì Abate [58] affermò, che quasi nessun riparo far si poteva a questo veleno infernale, che Albucasis [59] ancora si fu di questo parere, e con Albucasis, e con tutti i sopracitati Autori lo anno riferito modernamente Guglielmo da Piacenza, Santi Arduino, il Cardinal di S. Pancrazio, Bertruccio Bolognese, il Cesalpino, Baldo Angelo Abati, il Cardano, Giulio Cesare Claudino, Guglielmo Pisone [60] e tanti, e tanti altri, dei quali onorata nominanza nelle bocche dei Medici risuona, e che usciti dalla volgare schiera degnamente poterono

Seder tra Filosofica Famiglia. [61]

E se bene Giovan Battista Odierna[62] in una sua curiosissima lettera al dottissimo Marc'Aurelio Severino [63] scritto avea, di aver dato a mangiare ad un gatto un bocconcino di pane intinto nel fiel della Vipera senza vedersi effetto di veleno, con tutto ciò questa sola esperienza non era abile ad atterrare l'opinione di tanti Dottori massicci, e principali; oltre che il vedersi giornalmente, che i gatti trescano con le lucertole, co' ramarri, e co' serpi, e se gli trangugiano, ancor che Alberto Magno[64] con magistrevole insegnamento lo neghi, potrebbe forse persuadere, che il gatto non fu animale proporzionato per fare una cotale esperienza, si come proporzionato non fu ancora quel pollo, a cui il suddetto Severino fece inghiottire un fiele, perché da i polli comunemente si mangiano le lucertole, le serpi, i ragnateli, ed altri animali velenosi.

Se ne stava in questo mentre ad ascoltare colà in un canto Iacopo Sozzi [65] cacciator di vipere, uomo da esser paragonato con gli antichi Marsi, e con gli antichi Psilli [66], ed appena dal ridere potendosi contenere, sogghigniando prese un fiel di vipera, e stemperatolo in un mezzo bicchier d'acqua fresca, giù per la gola se lo gittò con volto intrepido, e diede a divedere quanto ingannati si fossero i suddetti autori, e si offerse di bere tutta quella quantità di fiele, che più fosse aggradito. Ma perché crederono alcuni, che il buon Iacopo ciurmato [67] prima si fosse, ancorché francamente lo negasse, o con Mitridato [68], o con Triaca, o con altro alessifarmaco [69], fu stimato opportuno farne altre prove, che perciò a due piccioni grossi fu fatto ingoiare un fiele per ciascheduno senza nocumento, e, che maggior cosa è, e quasi non credibile, un cane, a cui una mezz'oncia di fiele si diede per forza a bere, non ebbe un minimo accidente, e sano, e rigoglioso infino al giorno d'oggi è vissuto, e se altro mal non l'ammazza camperà eternamente. A i galletti ancora si è dato buona quantità di fiele, ed io due ne ho fitti nel gozzo di un Pavone, e di un gallo d'India, e quattro interiora senza levarne il fiele ho fatte mangiare ad un gatto, il quale vi so dire, che ghiottamente se ne leccò le labbra. In altri animali ne ho fatta più volte esperienza, ma però sempre di diversa spezie, perché, come voi ben sapete, vi sono molte cose, le quali ad una sorta d'animali servon di cibo, che ad un'altra spezie producono effetti di veleno, o altri accidenti stravaganti, e noiosi; E per tacervi della Cicuta mangiata dalli storni, e dell'Elleboro[70] dalle quaglie, e dalle capre, dirovvi, che pochi giorni fa abbiamo osservato, che un mezzo grano[71] d'ostia unta con olio di ricino ha fatto ad un omiciattolo vomiti, andate di corpo, e superpurgazioni angosciose, e terribili; e pure sei gocciole del medesimo olio messe in gola ad un galletto, non solo non l'anno ammazzato, ma non gli han fatto un minimo fastidio, né data nausea, né mosso il corpo.

Da queste osservazioni più volte fatte, toccato con mano, che il fiele della Vipera riceuto dentro per bocca non ammazza, si fece passaggio a considerare, se stillato nelle ferite, le attossicasse, e dopo molte esperienze in molti galletti, e piccioni, e da me privatamente, in un coniglio, in un agnello, ed in una lepre, fu conosciuto, che non avea possanza di far loro alcun male, si come non ha virtù di fare alcun bene, né di portar giovamento posto su i morsi della Vipera, che in contrario si dica Baldo Angelo Abati nel capitolo quinto, e nel settimo, e lo Scrodero[72] nella sua Farmacopea.

Nel fondo poi di quelle due guaine in cui si tien riposti i suoi denti la Vipera, stagna un cert'umore di colore, e di sapore somigliantissimo all'olio delle mandorle dolci, e questo è creduto, come di sopra ho scritto essere a quelle tramandato per alcuni sottilissimi canaletti dalla vescica del fiele. Cosa certa è, e da me molte volte osservata, che quando la Vipera sguaina i denti, e s'avventa a mordere, viene a schizzar per necessità su la ferita questo giallo liquore, non già perché si rompano le guaine, come è stato creduto dal Mercuriale [73], dal Grevino [74], e da altri, che inventarono certe vesciche non mai vedute sotto la lingua, ma perché in se medesime le guaine si ripiegano, e si raggrinzano, come fa il mantice nel mandar fuora il fiato, o come raggrinza le labbra il cane, quando digrigna i denti, e vuol mordere. Fu proposto, se questo liquore preso per bocca potesse ammazzare, e fu da alcuni costantemente affermato, ma colla medesima costanza da altri negato, ed il suddetto Iacopo Viperaio si esibì a berne una cucchiaiata intiera, e de fatto fu veduto saporitamente più, e più volte lambirne.

Se tu se' or Lettore a creder lento

Cio, ch'io dirò, non sarà meraviglia,

Che io che'l vidi appena il mi consento[75].

Prese Iacopo una Vipera delle più grosse, delle più bizzarre, e delle più adirose, e fece a lei schizzare in un mezzo bicchier di vino non solo tutto 'l liquore, che nelle guaine avea, ma ancora tutta la spuma, e tutta la bava, che questo serpentello agitato, percosso, premuto, irritato potè rigettare, e si bevve quel vino, come se fosse stato tanto giulebbo perlato[76]. Ed il seguente giorno, con tre Vipere attorcigliate insieme, fece di nuovo il medesimo giuoco, senza una paura al mondo; ed avea ben ragione di non temere, perché

Temer si dee di sole quelle cose,

Ch'anno potenza di far' altrui male,

Dell'altre no, che non son paurose.[77]

Per lo che anch'io quattro capi di Vipera semivivi, e di sangue grondanti, e lordi, tuffai in una tazza d'acqua, e con una lancetta trinciai tutti i mollami [78] del palato, e delle ganasce, e scaturir ne feci quanto più d'umidità v'era, a segno tale, che l'acqua ne divenne spumosa, torbida, e schifa, e poscia quasi tutta coll'imbuto la cacciai nello stomaco d'un capretto, e quel residuo, che n'avanzò, si fu la bevanda di un'Anitra assettata, e quello, e questa non anno mai dato contrassegno di veleno.

Non sarà dunque temerità il dire, che s'ingannarono Alberto Magno, l'eruditissimo Mercuriale, il sottilissimo Capo di Vacca [79], ed il celeberrimo Zacuto [80] dicendo, che il vino, in cui sia affogata una Vipera, è sempre pessimo veleno, e mortale, e che prima di costoro ingannato si era Aezio [81], e prima di Aezio Dioscoride [82] affermandolo non solo di quel vino, in cui sien morte le Vipere, ma ancora di quello, nel quale queste bestiole abbiano tuffato il capo per bere. Ma io non le veggo così ghiotte di questo preziosissimo liquore, come le fanno Aristotile, e Dioscoride, ne so, che orcioletti di vino nascosti fra le siepi sieno trappole proporzionatissime per pigliarle; Conciossiecosachè avendone io tenute alcune ciotolette piene dentro alle casse, dove esse stavano, non solo non mi son mai abbattuto a vederne loro lambire una gocciola, ma ne meno mi sono accorto, che quando io non vi era presente, ne bevessero, essendo che in processo di molto, e molto tempo non l'ho mai veduto scemare se non quel tanto, che la caldissima aria ambiente ne avea potuto succiare: E questo mi fa incontrar molte difficultà nel credere, che sia vera la Storia raccontata da Galeno nel libro undecimo delle virtù dei medicamenti semplici, che essendo stato portato un'orciuolo di vino a certi mietitori, e posatolo nel campo non molto da quegli lontano, quando vollero mescerlo nelle tazze per berlo, si avveddero, che v'era entrata dentro una Vipera, ed affogatavi: Imperciocchè, dico io, a voler, che quella Vipera potesse entrare in quell'orciuolo, necessario era, che fosse aperto, e se aperto, con quella medesima facilità, con che vi entrò, con la medesima uscire ne avrebbe potuto, in quella guisa appunto, che ho veduto scappar le Vipere più volte da fiaschi di lunghissimo collo, e pieni, e mezzi di vino, ne quali rinchiuse io le avea; Che se pure si fosse dato il caso, che quella Vipera non avesse mai trovata la strada per poterne uscire, non per tanto ne segue, che ella vi dovesse così tosto affogare, perché le Vipere galleggiano qualche tempo su tutti i liquori, mercè di una certa vescica piena d'aria, che anno in corpo non molto dissimile da quella de pesci; Ne giova il replicare, che il vapore del vino può in un momento imbriacarle, e soffocarle, perche avend'io messe delle Vipere in vasi di vetro pieni di generosissimo vino di Chianti, e di altro vino fumosissimo [83] di Napoli, e di Sicilia, ho sempre osservato, che vive si son mantenute a galla lo spazio di sei ore in circa, e quando per forza le ho tenute tutte coperte dal vino, colà sotto ancora si son mantenute un'ora, e mezza senza morire, ed alla per fine essendovi morte, ed avendo molti giorni lasciatevele stare ben serrata la stretta bocca de vasi, mi son chiarito, non esser vero quello, che raccontava Paolo Emilio Ferrallo [84], che cotali vasi si spezzino perlo soverchio calore delle carni Viperine la dentro macerate; e per conseguenza debol', e cadente fondamento, è questo (ancorché messo in considerazione dal Severino) per determinare, che sieno di temperamento caldo questi serpentelli; de quali pur'anche vo dirvi, che più lungo tempo mantengonsi vivi sull'acqua, che sopra 'l vino, essendo i più sopra l'acqua arrivati al terzo giorno, e tenuti sott'acqua i più son campati lo spazio di dodici ore in circa, dopo 'l qual tempo essendo morti, ed aperti i loro cadaveri, e considerato il cuore, ho ritrovato sempre tutte due le auricule [85] diventate molto più grandi del cuore medesimo, avvegnaddiochè nello stato naturale sieno piccolissime, ed a tal segno, che alcuni non ben' aguzzando gli occhi al vero anno detto, il cuore Viperino avere una sola auricola.

Ma tralasciata questa digressione, torno a scriver

di quel liquor giallo, che trovasi nelle guaine, che coprono i denti, il quale preso per bocca, non essendo né a gli uomini, né alle bestie mortifero, si andò facendo riflessione, se per fortuna messo su le ferite, fosse cagione di morte; Ed in verità, che in capo alle tre, o alle quattr'ore morirono tutti i galletti, e tutti i piccioni, su le ferite dei quali fu posto, e tanto ammazza il liquor delle Vipere vive, quanto quello, che è cavato dal palato, e dalle guaine delle Vipere morte, e morte anche di due, o di tre giorni, avendone io fatte in diversi animali più di cento esperienze, le quali tutte mi fanno credere, che Cleopatra [86] allor che volle morire, non si facesse mica mordere da un'Aspido, come riferiscono alcuni Storici, ma ben si, che ella con maniera più speditiva, più sicura, e più segreta, dopo essersi da se medesima ferito, o morsicato un braccio, stillasse su la ferita, come racconta l'Autore del libro della Triaca a Pisone, un veleno, che spremuto dall'Aspido in un bossoletto conservava a tal fine preparato; overo, secondo che riferisce Dione [87], che ella si ferisse il braccio con un'ago infetto di veleno, che portar soleva per ornamento del crine, ed era quel veleno di si fatta natura, che non faceva nocumento alcuno, se non quando pungendo toccava il sangue. E mi confermo in questo parere, perché se bene dicono, l'aspido esser molto più velenoso della Vipera, il che per ora voglio concedere, nulla dimeno egli è di questa razza di serpi, che secondo la sentenza di Nicandro [88], d'Eliano [89], e di altri, anno i denti canini coperti dalle guaine, nelle quali conservano il veleno, e quel veleno schizza tutto fuora, se non al primo, almeno al secondo morso, si che il terzo (e più volte l'ho sperimentato) non è velenoso, e per questa cagione i Cerretani, ed i Cantanbanchi senza pericolo si fanno mordere dalle Vipere, onde non potè Cleopatra con un solo Aspido far morir Nacra, e Carmione sue Damigelle, e poscia ammazzar se medesima, e tanto più, che spesso questo animaletto nel primo morso si rompe i denti. Aggiungasi, che dopo la morte di Cleopatra non si trovò in quella stanza il micidial serpente, ed ognun sa il naturale aborrimento, che anno le donne tutte a vedere, non che a maneggiar le serpi; e non importa niente, che nel trionfo d'Augusto fosse veduta in Roma l'immagine di Cleopatra con un Aspido in mano in atto di ferirle il braccio, perché ciò si fu uno scherzo dello Scultore, o del Pittore, il quale in altro modo più evidente non poteva mostrare al popolo, qual maniera di morte quella

Reina si era eletta per fuggire la schiavitudine del vincitore Augusto. Licenze non dissimili si pigliano bene spesso i moderni Pittori, e fra l'altre in questo proposito Pier Vettori[90] gli biasima, perché dipingono Cleopatra morsa dall'Aspido nelle mammelle, narrando Plutarco, Properzio, Paolo, Orosio, e Paolo Diacono[91], che non nel petto, ma nel braccio ella morder si fece; E questa licenza pittoresca non è sola de moderni, ma ancora gli antichi l'usarono, conciossiacosaché trovasi una gemma presso al Gorleo[92], nella quale scolpita si vede Cleopatra punta dall'Aspido nella mammella. E se ben Pier Vettori vien ripreso di questa sua critica da Baldo Angelo Abati affermante, che è più verisimile, che si facesse pugner nel petto, come parte più vicina al cuore, con tutto ciò dottamente è stato difeso il Vettori da Gasparo Ofmanno Filologo[93], e Medico dottissimo dei nostri tempi nel libro primo delle varie lezzioni.

Ma ritornando al nostro proposito, meco molto mi maraviglio che il savio, ed ottimo vecchio Marco Aurelio Severino versatissimo nella cognizione delle Vipere, ed esperimentatissimo dica indubitatamente, che quel liquor giallo stillato su le ferite non l'avveleni, persuaso da due sole esperienze, una su la cresta di un Gallo, e l'altra su la mano punta di un suo famiglio, perché confessar bisogna, che, nel tentar l'esperienze:

Veramente più volte appaion cose,

Che danno a dubitar falsa materia

Per le vere cagion, che son nascose [94]

E soventi volte accade, che queste vere cagioni per alcuni impedimenti ignoti, o non osservati, non possano dimostrare i loro effetti, e posso affermarvi, essermi intervenuto, che pecore, cani, galletti fatti rabbiosamente mordere dalle Vipere, pochi giorni avanti in campagna sul più fitto meriggio prese, non si sono morti, e per lo contrario si morì un pollastro morsicato da una Vipera, alla quale io aveva tagliata la punta dei denti, e fatto a bello studio schizzar fuora delle guaine quel mal liquore, che vi sta nascosto; e di quei tanti galletti, e piccioni, su le ferite dei quali quel veleno fu messo, ne campò una volta uno, e campò forse, perché quando con la punta sottilissima d'un temperino io lo ferij, percossi una vena grandetta, dalla quale in abbondanza spicciando il sangue, potè per avventura far sì, che il veleno non penetrasse più addentro, anzi con lo sgorgar del sangue, che tanto, quanto durò qualche ora dopo ad uscire, fu il tosco fuor del corpo cacciato. E di qui io raccolgo, quanto possa giovare a quelli, che sono stati morsicati dalle Vipere lo scarificare secondo lo 'nsegnamento degli antichi, il luogo, ch'è stato morso, per farne venire il sangue, o applicarvi sopra una coppetta, o attaccarvi una, o due mignatte ben purgate, o vero far succhiare da un uomo la ferita. Ed osservate Signor Lorenzo, che Avicenna avvertì, che colui, che succhia tali ferite, non abbia i denti guasti, e tarlati, e prima d'Avicenna più giudiziosamente Cornelio Celso [95], ed Aezio ammonirono (ancorché il Severino ingannandosi giudichi frivola questa cautela) che non abbia ulcere, o piaghe nella bocca, perché toccandole il succhiato veleno, potrebbe esser cagione di morte, che per altro ancor che nello stomaco andasse, né alla sanità, né alla vita sarebbe di pregiudizio; e questa non è mica dottrina nuova, ma bene antica, e dal suddetto Cornelio Celso insegnataci dicendo:

Perché il veleno del serpe,

e certi altri ancora veleni per la caccia,

dei quali specialmente i Galli fanno uso,

non per bocca ma sulla ferita sono nocivi.

E dopo di Celso ce lo avvertirono ancora Galeno nel terzo libro de temperamenti, e l'Autore della Triaca a Pisone nel decimo capitolo; ma più gentilmente di tutti Lucano [96] allor che descrisse Catone [97] conducente il Romano esercito per le solitudini arenose della Libia:

Piú si va dentro alla focosa plaga,

Che dai Celesti èagli uomini interdetta,

E piú spesso è l'ardor, piú l'onda è rara.

Ma non lascian per questo l'andar oltre

I generosi che del piè di Cato

Seguon le poste: e sempre combattendo

Col foco e colla sete, alla perfine

Arrivan dove in mezzo a quel gran secco

Improvviso lor s'offre una fontana

Abbondevol di vena, ma da tanti

Serpi abitata, che a capirli tutti

Ha poco grembo. Sopra e intorno agli orli

Innumerevol numero d'adusti

Aspi brulica; e dentrovi una immensa

Moltitudin di psadi s'assembra

Che in mezzo all'acqua ardono in sete.

A tale Vista le schiere, tuttoché anelanti

E bisognose per campar la vita

D'aver pronto ristoro da quell'onda,

Inorridite danno indietro il passo.

Ma Caton che in quell'onda avvisa il solo

Scampo che resta alle assetate genti,

Avanti le richiama, ed a gran voce

Lor grida: O figli, a che tremar di vana

Apparenza di morte ? Ove col nostro

Sangue non mesca i suoi veleni, il serpe

Nuocer non può. Solo è letal col dente,

Né perché vi dimori ei l'acque attosca.

Disse, e dal dire al far non interposto

Indugio, si slanciò sicuro al fonte

E bevve qui la prima volta il primo.[98]

Per confermazione di questo vero, quando non vi bastassero tutte le sopradette riprove, ed autorità, sappiate, che diverse persone si son cotti, e mangiati allegramente tutti quanti que' buoni pollastri, e piccioni, e tutti gli altri animali, che le

Vipere aveano morsi, che che si dica il Mattiolo [99] non potersi ciò fare senza manifesto pericolo di veleno; e per tor via ogni dubbio, ed ogni scrupolo dei crudi ancora, ed allora allora dalle Vipere ammazzati, ne ho fatti mangiare ad un cane, ad una civetta, ed ad uno di quegli uccelli di rapina, che gheppi sogliamo chiamare. Si è parimente esperimentato, che le spaventose, orribili, e micidiali frecce del Bantan [100] ferendo conducono in brev'ora a morte, ma beuto il vino, o altro liquore, in cui per molti giorni sieno state infuse, non apporta una minima alterazione alla sanità. Leggesi nel sopracitato libro della Triaca a Pisone, che i Dalmati [101], ed i Saci [102] avvelenavano i dardi fregandovi sopra l'Elenio [103], e con quelli anche leggiermente piagando, purché toccassero il sangue, uccidevano, avvegnachè l'Elenio a mangiarlo fosse loro un cibo innocentissimo, ed i Cervi, e l'altre fiere uccise con quei dardi si mangiassero per tutti sicuramente.

Come dunque, se il veleno delle Vipere a gustarlo non solo non è mortale, ma ne meno in verun modo nocevole, come, dico, potrà esser mai vera la storia del Mattiolo, o quell'altra d'Amato Lusitano [104], che due giovani feriti dalla Vipera, si morissero, perché da se medesimi succiati s'erano il luogo morsicato? Io per me penso, che più probabile sia il dire, che coloro morissero, non perché succiata si avessero la ferita, ma ben si, perché dalla Vipera erano stati morsi, o non aveano col succiare cavata tutta la velenosità, o avendo qualche piaga in bocca, gliele comunicarono, o finalmente per non aver avuto il comodo di fare gli altri necessari medicamenti interni, come nel tempo, che fu Edile Pompeo Rufo avvenne in Roma ad un Ciurmadore[105], il quale nel mezzo della piazza essendosi fatto mordere un braccio da un'Aspido, se bene si succiò la morsicatura, con tutto ciò in capo a due giorni restò privo di vita; la qual cosa gli avvenne, per testimonio di Eliano, per essergli da' suoi emuli stata tolta, o versata una cert'acqua medicinale, che egli si era preparata innanzi per bersela, e non per risciacquarsene la bocca, perché in mancanza della dett'acqua, potea in un bisogno lavarsela, o con vino, o con acqua attinta dalla più vicina fontana. Ed ancorché dica Eliano, che a quel tale avanti che spirasse, gli marcirono, e le gengive, e la bocca; con tutto ciò questo non è argumento sufficiente per provare, che fosse effetto del succhiamento, perchè Dioscoride, Attuario [106], ed il Cesalpino insegnano, che a coloro, che son dalla

Vipera feriti, oltre a gli altri accidenti vien' anche male nelle gengive, ed esala, come dice l'Aldrovando [107], fiato grave, e puzzolente dalla lor bocca, e per detto d'Avicenna, enfiano loro le labbra; il che non succede, com'ho per esperienza veduto infinite volte, a coloro, che lambiscono, e cacciansi giù per la gola il veleno della Vipera. Anzi un Cane, al quale feci attaccar' il morso nella punta del naso, tanto se la forbì colla lingua, che campò da morte, né in su la lingua, né in su le gengive ebbe male alcuno: et anticamente vi erano uomini, che prezzolati facevano il mestiere di succhiare le attossicate morsure. Ed in questo proposito mi sovviene della bella carità pelosa [108] d'Augusto, il quale, come si legge in Svetonio [109], et in Paolo Orosio, poichè fu morta Cleopatra, comandò, che da' Marsi, e da gli Psilli succhiata le fosse la ferita, e questa infingevole pietà la trovo sovente in que' tempi usata ne' cominciamenti dei grandi Imperi, onde non molti anni avanti su le spiagge di Alessandria:

Cesare poi che 'l traditor d'Egitto

Gli fece 'l don dell'onorata testa,

Celando l'allegrezza manifesta

Pianse per gli occhi fuor, si com'è scritto.[110]

Catone ancora in Affrica, e lo riferisce Plutarco, manteneva nel suo esercito molti Psilli, acciò medicar potessero le ferite serpentine col succhiarne fuora il veleno; e non vi persuadete, che gli Psilli, i Marsi, e gli Ofiogeni [111] di que' tempi avessero più particolare, e propria virtù di quella, che si abbia ogni uomo più triviale di oggi giorno, e benché Plinio in più luoghi, et Aulo Gellio [112], raccontino, che questo era un dono della provida natura, conceduto a que' soli popoli, e che aveano per costume di far prova della pudicizia delle loro mogli, con esporre i tenerelli figliuoli in mezzo dei più fieri serpenti, con tuttociò non mi sento da crederlo, ma voglio più tosto dar fede a Cornelio Celso, che molt'anni prima di Plinio, e di Gellio ci lasciò scritto: *Né in fede, hanno alcuna scienza particolare coloro i quali sono detti Psilli, ma audacia resa più ferma dall'abitudine stessa*, et appresso: *Pertanto chiunque seguendo l'esempio dello Psillo, succhierà la ferita, si egli resterà sano e si sano renderà altrui* [113]; e quei Psilli non meno de gli altri uomini erano morsicati da' serpenti, e per guarire aveano bisogno degli alessifarmaci, e lo raccolgo da quel libro, che Damocrate [114] medico, e poeta Greco scrisse de gli antidoti, tra' quali se ne legge uno, di cui egli afferma, che se ne servivano gli

Psilli, allora quando erano dalle Vipere morsicati:

È rimedio che ha grande efficacia, di cui so che si

valgono come beveraggio coloro che sono stati

morsi gravemente in cacciandole da quelle vipere

le quali sono dette pulicarie.

E se quell'Ofiogene, chiamato Esagone, uscì sano, e salvo da una botte piena di serpenti, nella quale, per fare esperimento di sua virtù, era stato rinchiuso per comandamento de Romani Consoli, ne resti della verità la fede appresso Plinio, che ce lo racconta, anch'oggi a me darebbe il cuore in qual si sia uomo, o in altro animale fare una simil prova, pur che a me stesse l'eleggere i serpenti, e tralasciati molti altri, sovvengavi di quelli, che nella piccola grotta vicin' a Bracciano s'avviticchiano intorno a gl'ignudi corpi di coloro, che la dentro si fanno portare per guarire di alcune ostinate malattie, ed ottengono sovente il loro intento, non so già se per cagione dei serpenti avviticchiati, overo, che mi par più credibile, per quel sudore, che copiosissimo dal calor della grotta vien provocato, pure intorno a ciò io me ne rimetto al prudentissimo giudizio di quegli autori, che di questa grotta serpentifera accuratissimamente anno scritto, e particolarmente al dottissimo, e non mai a bastanza lodato Tommaso Bartolini [115], ed al curiosissimo Atanasio Chircherio [116]. Fu sempre nel mondo gran quantità di que' Marsi, e di que' Psilli, non già che fossero della schiatta di quelli, che vantavano favolosa origine dal figliuolo di Circe [117], e dal Re Psillo, ma perché, come osserva il celebre Tommaso Reinesio [118] nelle varie lezzioni, in que' tempi cotal nome s'arrogavano tutti coloro, che facevan professione di succhiare l'avvelenate ferite, e di essere cacciatori di Vipere; e Galeno fa menzione di un tale, che in Asia fu il primo, che instituisse l'arte di questa caccia; e nella corte Imperiale di Roma vi erano servi a questo sol'ofizio destinati, raccontando il sopra mentovato Galeno d'averne medicato uno, che per essere stato morso da una Vipera era diventato itterico; erano però tutti di vile, e di abbietta condizione, quindi è che Marziale [119] per rintuzzare l'alterigia del borioso Cecilio, gli disse [120]:

A te, Cecilio, par d' essere spiritoso.

Ma credi pure a me, non sei.

Che cosa sei adunque?

Un povero diavolo:

quello che è il girovago di Trastevere

il quale accetta vetri rotti

in cambio dei suoi giallognoli zolfanelli;

quello che è il venditore di bagnati ceci

ai crocchi degli oziosi;

quello che il guardiano e il padrone delle vipere;

quello che i miserabili garzoni dei rivenditori

di pesce salato, etc.

Dall'avervi mostrato in sin qui, che senza pericolo succhiar si possono le morsicature viperine, vi potrete accorgere, qual fede si possa dare a quanto vien raccontato negli infrascritti epigrammi, gli autori dei quali si vede, che anno scritto quello, che è paruto loro, che sarebbe avvenuto, se i casi si fossero dati. E come che il mondo sia stato sempre a un modo, mi giova di credere, che si come noi vediamo al di d'oggi molti versificatori sovvenir loro qualche pensiero, che abbia del pellegrino, e del frizzante a' loro gusti, vi adattano subito il concetto per un sonetto, onde osserviamo soventemente i primi quadernari, e tal volta il primo terzetto, di una tessitura, non come quella del Petrarca, e de gli altri migliori Poeti, ma ben si rada di concetti, e di nobili sentenze, e finalmente ripiena di parole, e non altrimenti di cose, e solamente quanto basta per condursi a que' tre ultimi versi, che furono la cagione, ed il principio del sonetto; così poter esser forse avvenuto in que' tempi; e che quegli Autori formassero il loro pensiero di pianta, fingendo il morso dato dalla Vipera alla mammella della Cervia, e della Capra salvatica, quindi la medicina del veleno per lo succhiamento dei loro parti lattanti, e finalmente la morte di questi, e la vita resa alle madri.

Gli epigrammi sono i seguenti:

DI POLIENO

Una vipera dall'acuto dente avendo visto la turgida e nutritiva mammella di una capra fresca di parto, la ferì.

Il capretto succhiò la poppa intrisa di veleno e il male irrimediabile: succhiò dalla mortale ferita l'amaro latte.

Si scambiarono la morte; ché tosto il ventre concesse il capretto al destino implacabile, ma la poppa fu graziata.[121]

DI TIBERIO ILLUSTRIO

Una vipera letale verso il veleno nelle mammelle

pesanti per latte di una capra sgravatasi allora al-

lora.

Il capretto avendo succhiato il latte della madre

mescolato di veleno, bevve colle labbra la morte di

lei.

Oltre al succhiar le piaghe [122], utilissimo ancora stimo essere, per consiglio di Galeno, fare una stretta legatura un poco lontana dalla ferita nella parte più alta, acciocché col moto circolare del sangue non si porti il veleno al cuore, e tutta la sanguigna massa non se n'infetti. E non monta niente, che il legacciolo sia, o di lana, o di lino, o di seta, o di cuoio, perché fu dolcezza di buono, e semplice uomo, anzi di troppo superstizioso, quando Gilberto Anglico [123] scrisse, che più giovevole era far la legatura con una correggia di pelle di Cervio. Sarà per tanto laudevol cosa il non prestar fede a simili bagattelle, e chi trova scritto in Plinio, in Aezio, ed in Quinto Sereno Sammonico [124], che il capo spiccato di fresco da una Vipera, e così caldo, e sanguinoso applicato in su la morsicatura è antidoto mirabile a quel veleno, ridasene senz'alcun dubbio, perché ardisco dire essere una semplicità fanciullesca, se però molte prove, e riprove congiunte con la ragione non mi anno ingannato. Ingannato ben resterebbe, chi nel provveder rimedio alle avvelenate morsicature solamente si fidasse della maravigliosa potenza, che gli Scrittori anno attribuita al cedro; onde si legge in Ateneo [125], che due malfattori condannati ad esser fatti morire da gli Aspidi, e da quelli più volte fieramente morsicati, contuttociò non provarono la forza del veleno, perché poco avanti, che quelli infelici arrivassero al patibolo, una certa compassionevole, e caritativa donnicciuola avea lor dato a mangiare un cedro. Più disgraziati di costoro furono due galletti, che da me per quattro giorni continui nutriti d'orzo, stato infuso nella decozzione del cedro, ed in fine empito loro il gozzo di pezzetti di cedro, e di cedrato, passato lo spazio di due ore, morder gli feci da due Vipere, ed unsi anche la ferita di uno con quint'essenza [126] di scorze di cedro, ma in capo alle tre ore morendo tutti due, mi fecero accorgere che questa medicina era vana, e la storia di Ateneo favolosa.

Favoloso ancora è tutto ciò, che dell'astrale [127]

(così la chiamano), e magica virtù delle segnature[128] dell'erbe anno sognato alcuni Autori, e particolarmente il valoroso chimico Osvaldo Crollio[129]; e se un Virtuoso dei nostri tempi, e da me molto stimato n'avesse fatto prima qualche esperimento, non si sarebbe lasciato uscir dalla penna, che per aver le spine del Cappero la segnatura dei denti della Vipera, per questa ragione il Cappero sia per essere sommo, e possente medicamento da guarire i morsi viperini. Io ne ho fatta esperienza, non già perché ne sperassi, o ne credessi vero l'effetto, ma per poter con verità scrivere d'averla fatta; e con questa verità medesima vi confesso, che di buon proposito ho esperimentate alcune altre famose erbe, da Dioscoride, e da Plinio descritte, e sempre ne son rimaso deluso, né mai mi sono imbattuto a veder le gran maraviglie, che a quelle attribuiscono; onde mi fo lecito il credere, o ch'elle non anno avuto cotante doti, o che solamente l'ebbero:

Ne' tempi antichi quando i buoi parlavano,

Che'l Ciel più grazie allor solea producere.[130]

Forse in quei tempi fortunati era il vero, che un capo di Vipera strozzata con un filo di seta tinta in chermisi, e portato al collo, restituisse la sanità a coloro, che avevano la squinanzia[131], e proibisse, che mai più da questo fiero, e precipitoso male non fossero assaliti, come lo scrive con molt'Autori Abimeron Abinzoar volgarmente detto Avenzoar[132], e come il volgo se lo crede; ed io conosco un uomo in una Città da Firenze non gran tratto lontana, che per qual si sia più prezioso tesoro, non si leverebbe dal collo un capo di Vipera, che continuamente vi tiene attaccato, e pure ogni anno, intorno al principio d'Aprile, infallibilmente vien tormentato da questo male, e se il suo medico, senza perder tempo, non lo soccorresse con buone cavate di sangue, e con altri efficaci rimedi, son di parere, che rimanendo soffocato, farebbe vera una parte del detto di Avenzoar. Forse in quell'anticha età non era menzogna, come oggi è, ciò che racconta Marc'Aurelio Severino, che i capponi morsi, ed ammazzati dalle Vipere, e mangiati da coloro, che anno la febbre quartana, sieno un sicuro medicamento per estinguer quel fuoco febbrile, che per lo spazio di molt'e molt'anni suol ostinatamente mantenersi vivo negli umani corpi, a dispetto di tutti que' rimedi, che da' Medici sono somministrati. Or per tornar colà, di dove s'era deviato il mio scrivere, parve degno da investigare, se veramente quel velenifero liquore, che scaturisce dalle guaine dei denti, sia a quelle tramandato (come crede con molti altri Baldo Angelo Abati, e trà più moderni l'eruditissimo Samuel Bocharto [133] nella sua dottissima Geografia Sacra) dalla conserva del fiele mediante alcuni piccolissimi condotti, che alla testa arrivano, e benché verso questi più, e più volte io aguzzassi le ciglia

Com' il vecchio sartor fa nella cruna. [134]

Con tutto ciò non mi fu possibile il vederli, onde tengo fermissima opinione, che non abbia la Vipera questi tali canaletti dal fiele alla testa, se non quanto la pia meditazione di alcuni scrittori se gli sia immaginati. E me lo persuade il colore del fiele tinto d'un verde assai vivo, che pure dovrebbe facilitarne la veduta; Me lo persuade ancora il considerare, che il fiele, a giudizio del sapore, ha in sé una piccante, e ruvida amarezza, dove quell'altro liquore, che gronda dalle guaine dei denti ha un dolce insipido, e come di sopra ho detto, assai sull'andare di quello dell'olio delle mandorle dolci. Oltre che se vi è qualche piccolissimo canale, che vada dal fegato al fiele, è fatto per fare scorrere l'umor bilioso dal fegato alla vescica di esso fiele, e non dalla vescica alle parti superiori, ed acciò portar se ne possa tutta piena certezza, si prema la vescica del fiele, e si scorgerà, che è impossibile, che l'umor bilioso voglia salire all'insù, e per lo contrario, se si preme allo 'ngiù a poco a poco si vede tutto gemere nelle budella.

Se non istimassi a vergogna scriver senz'altra riprova ciò, che mi passa per la immaginazione, direi forse, che quel liquor giallo, non per altra via mette capo nelle sopranominate guaine dei denti, che per quei condotti salivali nuovamente ritrovati dal celeberrimo Tommaso Vuartono [135], ed in questa Corte da Lorenzo Bellini [136] giovane dotto, e di grandissima espettazione mostrati in altri animali fuori della spezie dell'uomo, e particolarmente ne i cervi, e ne i picchi; oltre che sotto al fondo di quelle guaine vi sono due glandule da me in tutte le Vipere ritrovate. Non fate però capitale di questo mio pensiero, perché potrebbe essere una chimera, come chimera credo, che sia l'opinione di coloro, che anno detto, che quel liquore in bocca della Vipera diventa veleno, stante che, come riferisce Aristotile, Pausania [137], e l'autor del libro della Triaca a Pisone, la Vipera si pasce d'erbe mortifere, di scorpioni, di canterelle [138], di bruchi, e d'altri bacherozzoli velenosi. Chimera, dico, credo che sia, perché senza noverare, che che si mangi la Vipera, basti il dire, che ella vive nelle scatole otto, nove, e più mesi senza cibo, e pure dopo così lungo digiuno mordendo avvelena; anzi Galeno in quel trattato, che scrisse a Panfiliano dell'uso della Triaca, vuole, che più sia velenosa così digiuna, che allora, quando di fresco è stata presa, e l'Autore del libro della Triaca a Pisone crede, che sia men pregna di veleno dopo, che si è pasciuta di quei bacherozzoli. Di più l'esperienza lo conferma. Si pigli una Vipera di quelle, che lungamente sono state nelle scatole: Se le faccia mordere due, o tre volte un pollastro a segno, che in mordendo abbia scaricato tutto il liquore contenuto nelle due guaine: Se a questa Vipera si farà mordere un'altro pollastro, questo secondo non morrà. Si rimetta poi la Vipera nella sua scatola, e si riosservi in capo a quattro, o cinque, o più giorni, e vedrassi, che il fondo delle guaine si è ripieno del solito liquore, e se allora di nuovo la Vipera morderà, cagionerà la morte, e pure tutti que' giorni è stata digiuna, e non ha mangiato insetti velenosi, che abbiano potuto far' a lei nascere in bocca il veleno.

Ma che vi dirò dei denti? Moltissimi de piccoli se

ne veggono in bocca della Vipera tanto nelle mascelle di sopra, quanto in quelle di sotto; Ma di questi ora non farò menzione, volendo favellar solamente di que' più grandi, che canini si chiamano, dei quali quanti la Vipera ne abbia è impossibile lo'mpararlo da i libri. Nicandro antico Poeta Greco, che fiorì nei tempi di Tolomeo settimo, e di Attalo ultimo Re di Pergamo, disse, che il maschio ha due denti, e che la femmina ne ha più di due, ma non dichiarò quanti.

Di duo canini denti attossicati

Armasi il maschio; un numero maggiore

La femmina ne conta.[139]

A Nicandro aderì in tutto, e per tutto il di lui greco stampato Scoliaste, l'Autore del libro della Triaca a Pisone, Rafis, Avicenna, Attuario, e Giovanni Gorreo [140] nelle note a Nicandro; Gli aderì ancora in gran parte l'Autore di quel greco trattatello, che porta in fronte il titolo *DEI CONTREAVVELENI DI DIOSCORIDE.* Questa Operetta non è per ancora stata stampata, e si conserva in Firenze nella famosa Medicea libreria di San Lorenzo nel banco ottantasei, in quel Codice, nel quale scritti sono i Commentari di Michele

Efesio [141] delle parti degli Animali. Se fosse a me lecito dare il giudizio di quella scrittura direi, che falsamente da' copiatori fosse stata attribuita a Dioscoride, e che fosse più tosto opera del Greco Eutecnio [142] Sofista, che compilò a' libri di Nicandro le parafrasi non per ancora date in luce, e conservate nella suddetta libreria, nel soprammentovato Codice di Michele Efesio; e sto per dire, che non credo d'ingannarmi, se non mi fanno travedere la maniera dello scrivere d'Eutecnio, o di chi si sia l'Autore di quelle parafrasi, ed una certa a lui consueta, e disordinata continuazione dell'ordine tenuto da Nicandro; oltre che l'opera non mantiene troppo bene, ciò che il titolo promette. Aezio determinò il numero di due a' maschi, e di quattro alle femmine, e così del medesimo sentimento di Aezio furono Isaac, Francesco Cavallo da Brescia, il Zacuto, il Mercuriale, Amato Lusitano, Francesco Sanchez [143], Gasparo Osmanno, ed altri di minor grido.

Ch'a nominar perduta opra sarebbe. [144]

Paolo Egineta [145] e Alì Abate tanto nel maschio, quanto nella femmina fanno menzione di due soli. Vincenzio Belluacense [146] dice, che sono tre, Baldo Angelo Abati, ed il Veslingio [147], che son quattro, ed Alberto Magno afferma, che il maschio delle Vipere ha due denti nella mascella di sopra, e due in quella di sotto corrispondenti fra di loro. Gio: Batista Odierna nella sua diligente, e curiosa lettera *de dente viperino*, dopo aver detto, che i denti minori son quarantotto, venendo a favellar dei maggiori, passa sotto silenzio il loro numero. Marc'Aurelio Severino asserisce in ciascheduna delle mascelle superiori averne veduti almeno tre, quattro, ed anche cinque, e fors'anche sei. A chi creder dobbiamo? Dirovvi quello che ho veduto in più di trecento vipere. Le vipere dell'uno, e dell'altro sesso anno solamente due denti canini, co' quali mordono, stabili, e sodi, e spuntano dall'osso della mascella superiore uno per banda [148], e stanno coperti da quelle guaine, delle quali di sopra vi ho favellato in foggia non molto dissimile a quella, con la quale da me medesimo in quest'anno ho veduto i leoni, ed i gatti tener' inguantate l'unghie delle zampe. È però vero, che dentro a queste guaine alle radici dei suddetti due denti ne nascono molti altri minori, ed io ne ho contati fino a sette per ogni guaina, e tutti uniti insieme in un mazzetto, come nascono colà ne prati alcuni funghi minori alle radici del fungo maggiore, e non uguali in grandezza, ma uno ordinatamente minor dell'altro, e non son così duri, e così radicati nella ganascia, come il dente maggiore, anzi pochissimo s'attengono, e stuzzicati facilissimamente cascano, dove che il dente più grande non senza violenza si svelle. E se alle volte, che pur di rado avviene se ne trova qualcuno uguale al maggiore, si ponga mente, che uno dei due tentenna, e dimena, ed è vicino al cascare, vicino al cascar dico, perché vi sono Autori, che dottamente affermano, che ogni tanto tempo cadono, e rinascono i denti alla Vipera. Questi denti sono per di dentro voti, e accanalati, fino all'ultima punta [149], e gli anno veduti col microscopio i moderni scrittori, e senza microscopio veder' anco si possono, quando son secchi, perché leggiermente schiacciati si fendono per lo lungo dalla radice alla punta in tre, o quattro scheggiuole mostranti all'occhio l'interna cavità, la quale fu osservata ancora da gli Antichi, e particolarmente da Plinio, e dall'Autore del libro della Triaca a Pisone, allora, che disse, *e per vero, danno loro certi marzapani, le cui miche inguainano i denti, e così i costoro morsi riescono deboli.* Non credo però, che sia vero, che per essere internamente voti questi denti sieno il ricettacolo del veleno, e che per lo strettissimo forame di quelli schizzi nelle ferite, che fà la vipera mordendo, perché pigliandosi una vipera, et aprendo a lei per forza la bocca, allorché se le scuoprono i denti, si scorge quel giallo, e pestilenzioso liquore scorrere giù per lo dente, non dentro la cavità, ma ben si fuora, dalle radici alla punta, e di ciò gli occhi miei ne anno presa più volte esperienza pienissima.[150]

Ma si come non sono i denti ricettacolo, o vasello della velenosità, così ne anche per se medesimi sono velenosi, imperciocché degli uomini se gli sono inghiottiti, ed io intieri, intieri ingozzar ne ho fatti sei ad un cappone, che non solo non morì, ma non diede indizio alcuno di futura morte. Di più alla Vipera morta, ed alla Vipera viva cavati i denti, e con quelli avendo punto il collo, il petto, e le cosce di alcuni galletti, e lasciati anco i denti drento alla piaga, non si morirono; e un Nipote del sopranominato Iacopo Viperaio più volte co' denti allora allora cavati, e caldi si punse le mani, e ne fece col pugnere uscire il sangue, ed altro male non gl'intervenne, che quello avvenir [151] suole dalla puntura degli spilli, o delle spine.

Ed or vengo in chiaro, che Baldo Angelo Abati, e lo Scrodero di loro capriccio, e non addottrinati dall'esperienza scrissero, che i denti della morta vipera ammazzano. Ed il volgo potrà restar certo, che fu un trovato favoloso quello, che giornalmente si racconta della morte di quello speziale, che maneggiando un capo di vipera un'anno avanti ammazzata, disavvedutamente si punse.

Favola non è già, ed io ne posso far fede di averlo veduto più volte, che il capo mezz'ora dopo troncato mentre ancora ha qualche residuo di moto, e per così dire, qualche favilluzza di vita, se morde uccide, come se fosse attaccato al busto, e non gioverebbe per guarire tutta quanta la soave musica del famoso Atto Melani [152], del Cavalier Cesti, o l'argentina voce del Ciecolino [153], con quanti stromenti musicali seppero inventare, e l'antiche, e le moderne scuole.

Non ridete Signor Lorenzo, e non vi paia, che qualche stravaganza io abbia detto. Ricordatevi, che i nostri Arcavoli, e particolarmente i Pittagorici furono tanto buoni, e corrivi al credere, che si dettero ad intendere, che la musica fosse di alcuni mali del corpo una possente medicina, e Teofrasto[154], come si legge nelle Notti Attiche di Aulo Gellio, affermò, che i bravi sonatori al paragone di qual si sia più celebre Medico possono render la sanità a coloro, che dalle vipere sono stati morsi; E Marc'Aurelio Severino uomo dottissimo, e diligentissimo nella Vipera Pitia lo ridice, e lo tien per vero; ed il Zacuto nel libro quinto dell'Istorie de Medici più principali anch'egli lo conferma, et affannandosi, e dibattendosi fa un lungo, e bizzarro discorso per additarne le naturali cagioni, e non si rammenta, che la giovane Euridice moglie del più gentil Musico dell'universo [155] punta da una vipera finì tutti i suoi giorni, senza che il canoro marito potesse portarle un minimo profitto, et il medesimo accaderebbe a' Medici d'oggi giorno, se volessero medicare a suon di Chitarrino le morsure di quella maligna bestiola. Se non temessi di allungarmi di soverchio, vi racconterei la bella burla, che intervenne una volta ad un certo Medico principiante, il quale avendo letto, che Ismenia Tebano guariva gli acerbissimi dolori della Sciatica non con altro, che col cantare alcune gentili canzonette, volle anch'egli posti in non cale i più generosi rimedi a questo solo della musica attenersi. Ma di ciò un'altra volta. Contentatevi per ora, che, per potermi quanto prima avvicinare al fine, io vi dica, che la Vipera non ha nella coda ago, o spina abile a poter pugnere, e che da ogni uomo francamente può, e per cibo, e per medicamento mangiarsi; e se quando le vipere s'ammazzano per far la triaca, si taglia col capo ancora la coda, si taglia, non perché sieno parti velenose, ma perché sono ossute, e non hanno carne, e per una certa superstizione, che non so di dove abbia avuta origine, in quella maniera appunto, come dice il Severino nella Vipera Pitia, che il volgo ha una certa repugnanza a mangiare i capi, e le code delle anguille. E se vi fosse alcuno, che pur volesse, che le code viperine fossero tossicose, e fosse ostinato a voler mantenere, che in compagnia di tanti antichi, e di tanti moderni il vecchio Andromaco[156] mentir non poteo, quando cantò nella seconda parte del suo Poemetto

Ha d'orrido venen la coda infetta,

Ch'entro duo vessichette ella ricetta.[157]

Dite pure a costui da parte mia, che coloro, i quali anno una si fatta opinione, non anno veduto, come veduto ho io uomini, ed altri animali mangiarsi, non solo i capi delle vipere, ma ancora le code cotte, e crude; ed anco di più quando le vipere sono vive, per farle stizzare, ed irritare a mordere, mettersi le code di quelle in bocca, e fieramente co' denti stringerle, e lacerarle.
Si che per raccorre il tutto in poche parole, dicovi,

che la vipera non ha umore, escremento, o parte alcuna, che beuta, o mangiata abbia forza d'ammazzare; che la coda non ha con che pugnere; che i denti canini tanto ne' maschi, quanto nelle femmine non sono più, che due, e voti sono dalla radice alla punta, e se feriscono, non sono velenosi, ma solamente aprono la strada al veleno viperino, che non è veleno, se non tocca il sangue, e questo veleno altro non è, che quel liquore, che imbratta il palato, e che stagna in quelle guaine, che cuoprono i denti, non mandatovi dalla vescica del fiele, ma generato in tutto quanto il capo[158], e trasmesso forse alle guaine per alcuni condotti salivali, che forse metton capo in quelle. Ma di ciò aver potrete maggior contezza, quando leggerete un'altra lettera, che ho cominciat'a scrivere al nostro dottissimo, ed eruditissimo Signor Carlo Dati [159], e contiene l'anatomica descrizione di tutte le parti interne, ed esterne delle vipere, e d'altri serpenti, che non son velenosi, e conoscer potrete, quanto falsamente alcuni Autori antichi scrissero, che a questi; ed alle Vipere mancano alcune parti, che pure se si guardano bene, le anno, e particolarmente i canali dell'urina, i quali dopo avere scorso per tutta la lunghezza dei reni, sboccano, non come parve all'avvedutissimo

Giovanni Veslingio nell'intestino retto, ma in una piccola, e rilevata fessura situata nelle femmine tra l'una, e l'altra porta delle due gole uterine; e dentro a quei canali ho trovato alle volte qualche piccolo calculetto [160], si come ne ho trovati dentro alla carne dei reni istessi. Leggerete ancora, che la Vipera non ha il cervello di color nericcio, come credette Baldo Angelo Abati, ma che ben si è bianco, e che non è di mole così piccolo, e così leggiere, come volle il suddetto Autore, dicendo, che appena arriva a quattro grani di miglio, avend'io posto mente, che per lo più è sempre di peso in circa dodici, o tredici grani del medesimo miglio; ma nella maravigliosa, e sottilissima fabbrica dell'occhio avrete grand'occasione di filosofare, e di risvegliarvi a nobilissime contemplazioni intorno alla origine de nervi, delle tuniche, e degli umori, tra quali il cristallino è di una perfetta sferica figura, come quella della maggior parte degli animali, che vivono nell'acqua.

Parmi, che adesso voi aspettiate, che io vi faccia qualche dotto, sottile, e ben ponderato discorso, favellandovi in qual modo il veleno viperino mandi via la vita, et introduca ne' corpi la morte[161]. Se egli ve l'introduca operando con una occulta potenza, e dall'umano intendimento non penetrata, o se pure arrivato al cuore discacciandone gli atomi calorifici, del tutto lo raffreddi, e lo agghiadi; o pure multiplicando, e rendendo più vivi que' medesimi atomi, di soverchio lo riscaldi, lo risecchi, ed affatto risolva, e strugga gli spiriti; overo se tolga a lui il senso; o se con dolorose punture stuzzicandolo, faccia si, che il sangue al cuore troppo dirottamente ritornando, lo soffochi; o se impedisca il moto del medesimo cuore, facendo congelare il sangue nell'una, e nell'altra cavità di lui, a segno tale, ch'e non possa più ristrignersi, e dilatarsi, o se pur faccia, che il sangue non solamente quagli nelle cavità del cuore, ma ancora, che si rappigli in tutte quante le vene [162].

Voi v'ingannate, se ciò da me pretendete, contentandomi, che questa sia una di quelle tante, e tante cose, che non so e che non ispero di sapere, perché dopo molte esperienze fatte a questo sol fine in cani, gatti, pecore, capre, pavoni, colombe, ed altri animali, non ho per ancora trovato cosa stabile, che intieramente mi satisfaccia, e da poterla scrivere per vera. E se bene in alcuni animali morti dalle vipere si trova quel congelamento di sangue ne' ventricoli del cuore, io però non l'ho sempre trovato in tutti, e per lo contrario quel

medesimo congelamento molte volte l'ho veduto, e molte no in animali fatti morire con
istento; l'ho veduto dentro al cuore di uomini
morti di male naturale, ed ultimamente in un
cane ammazzato da una freccia del Bantan; e mi
sia lecito per passaggio il dirvi, che quel Cane una
mezz'ora dopo che fu ferito, cominciò ad avere
vomiti frequenti, e faticosi, ed in fine con urli, e
scontorcimenti orribili si morì, e in tutte quante
le sue viscere non si trovò una minima lesione, e
quel luogo istesso della coscia, nel quale la freccia
si era fermata, non avea mutato né meno colore,
e di più vi dirò, che al diligentissimo, e bravis-
simo Notomista Tilmanno[163] dal tagliar questo
Cane, e dal maneggiar lungo tempo, e minuta-
mente tutte le interiora, non accadde fastidio, né
malattia, e pure una volta voi mi diceste, che un
gran valent'uomo raccontato vi avea, essere stato
molto male un certo giovane, che fece notomia
d'un Cane da quelle frecce ammazzato. Può essere, che egli ne stesse male, ma io vi riferisco
quello, che ho veduto, non movendomi allo scrivere altri, che l'amor del vero, il quale mi vieta il
credere a coloro, che

A voce più, ch'al ver drizzan li volti,

E così ferman sua opinione.[164]

Presenti furono a questa operazione que' due dottissimi, e tanto rinominati Inglesi, vi era il celebre Matematico Gio: Alfonso Borelli [165], e l'ingegnosissimo Antonio Uliva [166]; e se vi si fossero potuti trovare quegli Autori, che anno insegnato, che coloro, i quali maneggiano i corpi morti di veleno, si mettono a un pericolo grandissimo di vita, mi rendo certo che avrebbono confessato, che vano era il loro sospetto, e se il Capo di Vacca ebbe anch'egli una tale opinione, e se disse, che anticamente i condennati a bere il veleno erano soliti di lavarsi avanti d'inghiottire la velenosa bevanda, acciocché dall'esser lavati dopo morte, non ne restassero infettati coloro, a' quali s'aspettava di far questa funzione, e se prese per testimonio di ciò alcune parole, che'l divino Filosofo nel Fedone fece dire a Socrate [167]; mi perdoni il Capo di Vacca, ei non fa qui le parti di quel grandissimo, e stimatissimo Scrittore, ch'egli si è, e nel credere, che Socrate veramente credesse, che dal suo corpo avvelenato potesse uscire alcun mortifero alito dannoso a quelli, che lo aveano a rimaneggiare nel lavarlo, ha il torto per se, e grandissimo lo fa a quel sapientissimo uomo, il quale

(come si vede chiaramente dalle sue parole rife-
rite da Fedone) non s'indusse a lavarsi, perch'ei
credesse questa baia, ne mostra, che tampoco la
credessero quei valent'uomini, che erano quivi
presenti: ma si lavò o per levare una certa ubbia
a quelle volgari donnicciuole, che doveano lavarlo dopo morto, le quali, come troppo casose[168],
schive, e guardinghe erano solite forse di fare
grand'atti, e gran lezi, quando si dava il caso, che
elle avessero a lavare i corpi di coloro, che erano
fatti morire col veleno, o pure, che più verisimile
mi pare, volle Socrate lavarsi, perché potendo
farlo da per se medesimo in vita, non volle dar
questo impaccio, e questa briga dopo morte alle
donne; E perché veggiate, ch'io non son lontano
dal vero, non tralascerò qui di trascrivere le parole istesse di Socrate, tali quali appunto nella
Greca favella furono scritte, e vi aggiugnerò ancora, come io le trasporterei nel toscano idioma:

Già è tempo, ch'io vada a lavarmi, imperciocché

mi pare più a proposito bere il veleno lavato che

sarò, e non dare alle donne la briga di lavare il ca-

davero.

Io non vorrei già, che qualcuno si desse ad

intendere, che fosse qui di mia intenzione torre al Capo di Vacca, ed a gli altri di sopra nominati Autori, neanche una minima particella di quella grandissima stima, nella quale meritamente son tenuti, perché non son tale, ne valevole a poterlo fare, ed in paragone di loro io sono uomo di queste cose materiale, e rozzo; oltre che in tutti quanti gli scrittori, somiglianti piccolissimi nei agevolmente si trovano, e particolarmente in quelli, che molto anno scritto. Siamo tutti uomini, e per conseguenza soggetti all'errare; Solo Iddio è tutto sapiente, il che ben conosciuto dal modestissimo Pittagora con molta ragione rifiutando il nome di Savio, si prese quello di amatore della sapienza [169]. Io lodo tutte le Sette dei Filosofi, ed in tutte trovo molte cose, che svelata ci mostrano la verità, ma ve ne trovo ben'anche molte altre, che con la verità, né poco, né punto s'accordano. Amo Talete [170], amo Anassagora, Platone, Aristotile, Democrito, Epicuro, e tutti quanti i Principi delle filosofiche sette, ma non sia però, ch'io voglia servilmente legarmi a giurar per vero tutto quello, che anno detto, o scritto, come lo fa giornalmente la più minuta plebe di molti protervissimi settari; i quali per lo soverchio, e per dir così, rabbioso amore, che portano al capo della loro scuola, non vogliono udire opinioni contrarie a quella, e forzati ad ascoltarle, e da evidenti ragioni alle volte convinti, non sapendo trovare altro scampo, o sutterfugio, ricorrono alle cavillazioni, a' sofismi, ed in ultimo luogo alle strida, e se si vuol far veder loro qualche esperienza, si mettono le mani avanti a gli occhi; e so di certo, che un profondo Maestro in iscrittura peripatetica, e molto venerabile uomo, per non esser necessitato a confessar vere le non più vedute stelle[171], e l'altre curiose novità ritrovate in Cielo dal Galileo, non volle mai all'occhio adattarsi l'occhiale; ed un'altro, a cui io diceva, che quelle piccole Botte, che di State, quando comincia a piovere saltellano per le pubbliche polverose strade, non nascono in quell'istante dall'incorporamento della gocciola dell'acqua piovana con la polvere, ma ch'elle son di già nate molti giorni prima, e promettendo di dargliene esperienza vera, col fargli vedere, e toccar con mano, che tutte quelle, che egli si credeva allor'allora nate, aveano lo stomaco per lo più ripieno d'erba, e gli intestini d'escrementi, non fu mai possibile, che potessi indurlo a contentarsi, che in sua presenza io ne aprissi una, qual più a lui fosse piaciuta[172]. Miglior costume fu quello di Potamone

Alessandrino [173] inventore della setta, che fu chiamata elettiva. A questo avveduto Filosofo, perché imparasse qualche verità, poco importava, se trovata l'avesse, o nella scuola Ionica in bocca d'Anassimandro [174], o nella Italiana [175] su la cattedra di Pittagora, anzi da tutte le Sette indifferentemente coglieva il più bel fiore delle più vere, o per lo meno delle più probabili opinioni. Vado ingegnandomi anch'io d'imitarlo, avvengadiochè sappia, che ogni giorno potrà essermi detto con molta ragione,

> *Or tu chi se', che vuoi sedere a scranna,*
>
> *Per giudicar da lungi mille miglia*
>
> *Con la veduta corta d'una spanna?* [176]

Con tutto ciò nell'aborrire la menzogna viverò contento di me medesimo, e della mia naturale inclinazione, che nella faticosa inchiesta del vero,

> *Quanto più può col buon voler s'aita.*[177]

Aveva ormai stabilito di voler terminar qui la lettera, ma non me lo ha permesso un nuovo ordine di cose curiose, e non indegne da sapersi; e si è, che riferiscono alcuni, che alle Vipere femmine, allorché son vive, non nascon vermi nelle budella; ma l'esperienza m'insegna in contrario, ed a' giorni passati ne trovai più di trenta vivi nello stomaco, negl'intestini, e giù per l'aspera arteria di una sola Vipera femmina; ed i minori di questi lombrichi erano di lunghezza, e di grossezza come gli spilli più piccoli, che adoperano le donne; ed i maggiori erano lunghi quattro dita a traverso, e grossi come quella corda del Violino, che chiamasi il Basso; i primi di color bianco, ed i secondi di rossigno, e dopo cavati dal ventre della Vipera vissero lo spazio di un terzo d'ora: e di questi vermi non intese a mio parere di favellar Seneca nel libro secondo delle naturali questioni dicendo:

Il verme non nasce nei corpi velenosi;

i corpi velenosi colpiti dal fulmine inverminano.

perché si vede manifesto, che Seneca parla dei vermi, che nascono dalla carne imputridita dei corpi morti, facendo menzione dei corpi percossi dal fulmine, e per consequenza da quello ammazzati, che dopo lo spazio di pochi giorni possono inverminare. E s'io m'inganno nella intelligenza di questo luogo di Seneca, avranno ragione il Mercuriale, ed il Severino, i quali tengono, che Seneca intendesse di quei vermi, che nascono nei corpi degli animali velenosi viventi. Ma sia com'esser si voglia, non si può negare, che, o in un modo, o nell'altro, sempre Seneca non si allontanasse dalla verità, giacché, com'ho detto, sovente nelle Vipere vive tanto maschi, quanto femmine trovansi quei vermi, ed i cadaveri delle morte inverminano, ancorché dal fulmine toccate non sieno; e non solamente inverminano questi cadaveri putrefacendosi, ma bacano ancora in processo di tempo le polveri viperine aride, secche, e con Elisirvite [178] finissimo, per così dire, imbalsamate.

Dopo di che non sarà totalmente fuor di proposito l'investigare, se veramente i corpi delle Vipere, o i luoghi, dove si nascondono, o le casse, nelle quali si conservano spirino odor fetido, e spiacevole, come volle l'Aldrovando con molti altri moderni, ed anticamente Marziale:

quello della volpe che fugge (spaventata),

(che proviene) dalla tana d'una vipera,

preferirei puzzare di tutto questo, Bassa,

piuttosto che emanare il tuo tanfo.[179]

Al che rispondo, che né le vipere, né le fecce dei loro intestini non anno fetore, né lasciano per questa ragione mal'odore nei luoghi da esse abitati; ed io nelle scatole, nelle quali si conservano, mentre non ve ne sieno state delle morte, e le scatole troppo anguste, e senza i convenienti spiragli, non ho mai sentito quel puzzo nauseoso, di che fà menzione l'Aldrovando. Affermo bene, che se al maschio della vipera, si come anco a molti altri serpenti, si premano i due membri genitali, ed alla femmina le due quasi vesichette seminali, che pendono vicine alle due porte della Natura, ne schizza fuora una cert'acqua sottilissima di odore grave, odiosamente salvatico, e proprio serpentino: e qui prese l'errore il Gesnero, che non seppe distinguere, se quel fetore veniva dalle fecce intestinali, o pure dalla suddetta acqua, il che fu molto meglio osservato da Eliano nel libro nono de li animali [180], *allorché le serpi si congiungono insieme tramandano un gravissimo fetore*, onde per salvar Marziale, si potrebbe forse dire, che volend'egli spiegare il mal'odore, che avea Bassa in quelle parti, delle quali più bello è il tacere, che il dire, con ragione lo antepose a quello, che spirano le Vipere dà luoghi destinati alla generazione; e tanto più, che la voce *cubile* usata da Marziale, non solo si può intendere del covacciolo, o luogo, dove dorme, e s'acquatta la Vipera, ma ancora, e forse più propriamente qui, pigliar si dee in quel significato, nel quale molti Latini se ne servirono, e particolarmente Cicerone in più luoghi, e la figliuola del Re Niso appresso Ovidio nell'ottavo delle Trasformazioni

Manchin prima le nozze, e 'l mio desio,

Ch'io manchi mai d'officio al padre mio.[181]

Ed Atalanta nel decimo

E se la sorte mia malvagia, e trista

Non mi vietasse il matrimonio santo,

Qual coppia fu già mai felice tanto.[182]

Nel medesimo senso, ancora leggesi nella Genesi vulgat: 49.4.

perché hai invaso il talamo di tuo padre e hai violato il mio giaciglio su cui eri salito.

Ed il verbo *cubitare* in Plauto nel Curculione, nel Pseudolo, e nello Stico, ed ancora il verbo *cubare,* nell'Amfitrione anno il medesimo significato, e tralasciando i Greci per non mi allungar di soverchio, anche i nostri Toscani in questo proposito anno adoperato il *giacere*, e ne sono esempli nel Boccaccio *nov: 29. tit: Giletta giacque con lui, ed ebbene due figliuoli*, e nov: 63. 67. 72. e nel Maestro Aldobrandino. *E ciò prova per isperienza, che egli dice, che chi tagliasse due vene, le quali sono dirieto alli orecchi, che colui, a cui fossero tagliate, ed aperte, non avrebbe podere di giacere con femmina*, e nel mio testo a penna di un'antichissima vita di Sant'Antonio. *Tu hai giaciuto, o malvagia femmina col drudo tuo, e non hai temenza d'accostarti al santo Altare;* Dalle sole parti genitali adunque nasce il mal'odore delle vipere, e non da tutto il corpo, né dal loro alito, né dagli escrementi degli intestini, i quali escrementi si come non anno fetore, così anche non anno odore, del che per esperienza ogni curioso potrà chiarirsi; La onde non so con qual motivo dalla delicata fragranza dello sterco viperino, Lucio Mainero argomentar potesse, che il temperamento delle vipere sia secco: Ed il dottissimo Pietro Castello nel libro della Iena odorifera, quando scrisse, che lo sterco d'alcuni Serpenti hà odore di muschio, se tra questi serpenti ebbe intenzione di noverare anche le Vipere, io credo, che s'ingannasse, ed il simile dico dell'eruditissimo Giovanni Rodio, che nelle osservazioni medicinali afferma di essersi pienamente certificato di quest'odore dello sterco serpentino in un viaggio, ch'ei fece nel monte Baldo, che da lui fu osservato essere abbondantissimo di vipere.

Se trascorro or qua, ed or la senz'ordine alcuno, ed alla rinfusa, di grazia non aggrottate le ciglia, e non vi scandalezzate, ma rammentatevi, che nel bel principio mi protestai, che scrivere io voleva, ciò che di mano, in mano, alla memoria mi sarebbe venuto; ed or mi sovviene, che Galeno, e molti valent'uomini moderni insegnano, che il mangiar le carni viperine induce ardentissima, ed inestinguibile sete: Questo insegnamento ha patito eccezioni in un virtuoso, e nobilissimo gentiluomo di abito di corpo gracile più tosto che no, e sul primo fiore di sua gioventù, il quale in questa presente state ha durato quattro settimane continue a bere ogni mattina per colezione una dramma di polvere viperina, stemperata in brodo fatto con una mezza vipera di quelle prese nelle collinette napoletane: a desinare poi mangiava una buona minestra fatta di pane inzuppato in brodo viperino, salpimentata [183] (permettetemi questa voce) con polvere viperina, e regalata[184] col cuore, col fegato, e con le carni sminuzzate di quella Vipera, che avea fatto il brodo: beveva il vino in cui affogate erano le vipere: a merenda pigliava una emulsione apparecchiata con decozione, e con carni viperine; e la sera la di lui cena era una minestra simile a quella della mattina; e pure egli mi ha sempre confessato, che non solo non ha mai in questo tempo auta sete, ma ne meno aderenza al bere, e non beveva se non quanto gli parea necessario per viver sano. Un vecchio ancora settuagenario non ebbe mai sete, e si mangiò in un mese, e mezzo più di novanta vipere prese di state, ed arrostite, come sogliono i cuochi arrostire l'anguille, ed il simile intervenne ad una donna di venticinque anni, ed io nel far cuocere arrosto per mia curiosità alcune Vipere, non ho mai sentita quella soavissima fragranza, che da uomini degni di fede, fu detto al Severino che spiravano certe Vipere arrostite, a segno tale, che correr fecero tutto il vicinato in traccia dell'insolito delicatissimo odore. Se poi il mangiar queste carni produca ne' giovanili corpi delle femmine (come vogliono molti autori) quella conveniente proporzione delle parti, e de colori, che chiamasi bellezza, e se alla senile etade il perduto bello restituisca, io non ne sono ancora venuto in chiaro: m'immagino però, quanto alla proporzione, ed alla leggiadria delle parti, che la Vipera non sia da meno della lepre, di cui Marziale scherzando favoleggiò:

Quando ti accade, o Gellia,

di mandarmi in dono una lepre, dici:

In sette giorni, o Marco, tu sarai bello:

se non vuoi burlarti di me,

se tu, mia cara, dici proprio il vero,

tu, o Gellia, non devi aver mai mangiato lepre.[185]

Molti dotti, savi, ed intendenti uomini tengono per fermo, che nell'apparecchiamento dei trocisci[186] viperini, per servizio della Triaca, si abbiano da rifiutare, come inutili, e nocive tutte le Vipere, che anno in corpo l'uova, e si fondano su quello, che Galeno scrisse, che non debbono entrare nella Triaca le carni delle vipere gravide: Io parlando sempre con ogni più dovuto rispetto, son di contraria opinione, e credo, che se i nostri diligenti speziali vorranno comporre i trocisci con vipere senza uova, sarà loro di mestiere comporgli di maschi, e non di femmine, perché tutte le femmine anno l'uova, e particolarmente se pigliate sieno in campagna in que' tempi, che furono stimati più opportuni da Damocrate, da Critone [187], e da Galeno. Avvertirono ben ciò quei dottissimi medici[188], che l'anno 1597 furono deputati alla correzione del Ricettario Fiorentino, e lo conobbe ancora l'Aldrovando, che scrive, non dar fastidio se abbiano l'uova, purché le vipere da i maschi non sieno state calcate [189], e per potersene accorgere, ne da il contrassegno, che l'uova non son più grosse dei semi di Papavero, o dei granelli di Miglio, soggiugnendo, che se le femmine non si sieno congiunte co' maschi, l'uova non passano mai questa grossezza; e di parere non molto diverso par, che fossero i sopra nominati correttori del Ricettario, i quali rifiutano solamente quelle Vipere, che anno l'uova grosse, e lineate di sangue; ma per dire il vero, alle mie esperienze non regge il detto dell'Aldrovando, imperciocché nel fine del mese di Gennaio ho sparate molte Vipere, ed in tutte ho trovate l'uova grosse quanto le comuni ulive, e di sangue vergate; e pure è credibile, che quest'uova non fossero feconde, e per così dire, gallate, perché tali essendo, ne sarebbono nati nel mese di Agosto i Viperini; e non è fedel contrassegno di fecondità il vergolamento del sangue, perché anche nelle uova non nate, che trovansi nell'ovaia delle galline castrate, e delle altre galline, che non anno abitato col gallo, si vede quel vergolamento sanguigno. Si che, avendo osservato, che nelle stagioni assegnate per la caccia delle vipere da Damocrate, da Critone, da Galeno, e da gli altri Greci, ed Arabi, che da' suddetti anno copiato, si trovano sempre in questi serpentelli l'uova grandi, e grosse, crederei si potesse dire, che quando Galeno parlò delle vipere pregne, volle solamente intender di quelle, che anno i Viperini in corpo all'uova attaccati, in foggia non gran cosa differente da quella, se vi ricordate, che l'anno passato vedemmo nel pesce chiamato Squadro, ed in altri pesci di Mare; e senza questi viperini in corpo, ogni vipera è buona per la Triaca, piccole, o grosse, che si abbia l'uova, non essendo vero, che quelle, che le anno grosse, sieno magre, smunte, e sfruttate [190]; anzi, che queste le ho trovate sempre grassissime, e maggiori dell'altre, e più bizzarre; ed a proposito della grassezza degno di considerazione si è, che dopo aver tenuto rinchiuse alcune Vipere nove mesi, e senza cibo, quando le ho sparate mi son riuscite molto grasse in quella parte, che si chiama la rete, e da' medici vien detta omenta, e zirbo.[191]

In queste mie naturali osservazioni ho consumato gran quantità di vipere facendone alla giornata uno strazio grandissimo, e per cavar, come si dice, il sottil del sottile [192], ho sempre messe da banda, e conservate tutte le loro carni, e l'ossa, che seccate in forno, e poscia al fuoco vivo con lungo, e faticosissimo lavorio abbruciate, e ridotte in cenere, con acqua di fonte n'ho cavato il Sale, e purificatolo, e ridottolo quas'in cristalli, ho voluto far' esperienza di sua virtù, ed hò rinvenuto, ch'egli è per l'appunto, come son tutti quanti gli altri Sali, estratti dalle ceneri di tutti gli animali, e di tutte le piante, che indifferentemente dati al peso di due dramme, e mezza in circa evacuano il corpo, come se bevuto si fosse una di quelle consuete, ed ordinarie medicine, che lenienti da' medici son dette. Questi Sali delle ceneri nel purgare anno tutti tra di loro ugual possanza, come s'è veduto centinaia di volte, tanto quel di rabarbaro, di sena [193], di turbitti [194], d'agarico [195], di sciarappa, di mecioacan [196], e degli altri simili; quanto quel di piantaggine, di cipresso, di lentisco, di sughero, di scorza di melagrane, di scopa, di sorbe, e di corgniole; né altra differenza ho mai saputo scorgervi, che quella delle figure, la quale però (per quanto con ogni curiosa diligenza ho potuto osservare) non rende né più viva, né più infingarda la loro facultà solutiva: quindi è che non senza ragione mi fo beffe di quegli autori chimici, che anno avuto gli occhi così lincei [197] da poter ritrovare tante, e diverse, e tra di loro contrarie virtù, più in un sale che in un'altro; e mi rido della poca esperienza di quel tanto accreditato Basilio Valentino [198], il quale nella sua *Aliografia*, oltre un'infinità di vane immaginazioni, scrisse, che sei soli grani di sale di rabarbaro, o di sena, o di esula son bastanti a far'una buona, ed aggiustata evacuazione. Ma di questa materia a bastanza ho favellato in quel *Discorso*, che l'anno passato abbozzai *Della natura de Sali, e delle loro figure*.

Avendo letto nella Storia degli animali di Aristotile, che alle più delle bestie velenifere è nocevole la saliva umana, vennemi capriccio di far prova, se ciò fosse vero, e particolarmente nelle Vipere, e tanto più, che Nicandro dettolo avea, e trovasi confermato da Galeno in più luoghi, da Plinio, da Paolo Egineta, da Serapione [199], da Avicenna, e da Lucrezio, che filosofando cantò:

Come appunto succede talora della serpe che,

toccata dalla saliva dell'uomo, muore,

poiché da sé stessa si finisce a morsi.[200]

E questi antichi sono stati secondati da molti moderni, e particolarmente dal Cardinal Ponzetto, da Bertruccio Bolognese, dal Gesnero [201], dal Zacuto, da Tommaso Campanella [202], da Marc'Antonio Alaimo [203], da Lelio Bisciola [204], e dal dottissimo, e celebratissimo Ulisse Aldrovando, il quale non solo tenne per fermo, che la saliva dell'uomo ammazzi i serpenti, ma volle anco discorrervi sopra e darne la ragione, riducendola in fine a quel vano e chimerico nome della tanto decantata antipatia.[205]

Ma Pier Giovanni Fabro [206], e Marc'Aurelio Severino poco prezzandola, addussero per efficacissima cagione il Sale Armoniaco [207], del quale pienissima dissero ogni sorte di saliva, ma sopra tutte l'umana. Io rinchiusi dunque sei vipere scelte in una grande scatola, e per quindici mattine alla fila ad una ad una spalancando la gola proccurai che alcuni uomini digiuni gliela empissero di sputo, e serrando loro la bocca, le costrinsi per forza ad inghiottirlo, e tutte sono vissute, e vivono ancora, né da malattia sono mai state soraprese, anzi per la dolcezza del nuovo, ed inusitato alimento, mi rassembrano molto più belle, e guizzanti del solito: e perché l'Aldrovando scrive ancora, che i ciarlatani, tosto che anno presi i serpenti, gli aspergono di sciliva, per la virtù della quale s'avviliscono, e perdono la malizia del veleno, volli anco di questo far la prova, e restai certo, che non si accosta né poco né punto al vero; posciachè si morirono tutti gli animali, che mordere io feci dalle vipere in quella guisa preparate, e le vipere per lo bagnamento della saliva non infralirono mica, ma disdegnose, ed altiere più sovente vibravano l'acuta, e bipartita folgore della lingua.[208]

Non mi apporta però maraviglia, che a tanti Scrittori questa verità sia stata incognita, perché andando dietro alle voci del volgo, non ne fecero forse esperienza, e tanto più, che lo stuzzicare le bocche delle vipere non è il più bel trastullo del mondo, e chi ne restasse morso, farebbe il bel suo danno, e si potrebbe a lui dire coll'Ecclesiastico: *Chi avrà compassione del ciurmatore percosso dal serpente, e di tutti gli altri che si accostano alle fiere?* [209] Stupiscomi bene di Galeno, il quale nel decimo libro delle potenze dei medicamenti semplici, dopo aver detto, che lo sputo dell'uomo digiuno ammazza gli Scorpioni, soggiugne d'averlo veduto con gli occhi suoi proprij, e d'averne fatta più, e più volte esperienza pienissima. Se gli uomini, e se gli Scorpioni, che nascevano a quei tempi in Roma, ed in Pergamo [210] erano fatti, come gli uomini, e come gli Scorpioni della Toscana, mi sia lecito chieder perdono a Galeno (uomo per altro, che nella medicina dopo Ippocrate, non ha avuto uguale) se non voglio credere, che egli ne prendesse esperienza, e se pure la tentò, forse fu una sola volta, nella quale per caso fortuito, e non per cagione della saliva si morì lo scorpione, perché molte volte ho durato sei giorni continui a fare ogni mattina sputare addosso ad alcuni scorpioni da uomini digiuni, ed assetati, e gli scorpioni non son mai morti. Muoiono bene infallibilmente in capo ad un terzo d'ora, se a ciascheduno di quelli si metta sopra la groppa tre o quattro gocciole d'olio di uliva; per lo che, se mi maravigliai di Galeno, molto più maravigliomi d'Alberto Magno, che nel libro de gli animali racconta d'aver immerso in un fiasco d'olio uno Scorpione, il quale visse lo spazio di ventun giorno movendosi, ed aggirandosi nel fondo di quell'olio. In un simil vaso poco men, che pieno d'olio io rinchiusi una vipera, che vi galleggiò viva sessant'ore, ma vinta alla fine dalla stanchezza, si abbandonò a poco, a poco morta nel fondo del vaso, ed avanti, che morisse sforzavasi con tutta la natural possibilità di tenere per lo meno l'estrema parte del muso fuor di quel liquore, e se tal volta le riusciva cavarne fuora il capo, spalancava quanto più poteva la bocca, per ripigliar quell'aria, che sott'all'olio era a lei stata negata. Più violento dell'olio di uliva fu ad un'altra vipera il terribilissimo olio del tabacco; imperciocché avendola il valente Notomista Tilmanno ferita in pelle in pelle su l'arco della schiena con un ago infilato d'una agugliata di refe inzuppata di quell'olio, e trapassato il refe per la ferita, in meno d'un mezzo ottavo d'ora, dopo alcuni strani avvolgimenti, cascò morta, convulsa, ed intirizzata, come se stata fosse di bronzo, ed un momento dopo ritornò floscia, e pieghevole, come se due giorni avanti fosse stata ammazzata.

Morte somigliantissima in tutto, e per tutto fece un'altra vipera, a cui furono messe giù per la gola quattro, o cinque gocce del suddetto olio di tabacco; ma se morì quest'ultima vipera, non morirono alcune anguille, a cui fatto il medesimo giuoco, furono in quell'istante gettate nell'acqua; e pure poco prima erano morte, ancorché gettate subito nell'acqua, molte altre anguille ferite su la groppa con quell'istesso ago, che nella cruna avea il filo intinto nell'olio del tabacco, e fu osservato, che queste anguille morendo diventarono di un certo color biancheggiante, ancorché vive tendessero al nericcio.

Lascio le anguille, e ritorno alle vipere, ed a gli altri serpenti, intorno a quali favole infinite, e degne di riso state sono scritte dagli autori, e fra gli altri Plinio seguitato con ammirabile simplicità dal Mercuriale, dal Mattiolo, e da Castor Durante[211], dice per esperienza che i serpi anno pubblica e privata inimicizia [212] col frassino e con l'ombra di quello, a tal segno, che fatto un cerchio di frassino, e messavi dentro una serpe, ed un monticello di brace accesa, quella Fiera si getta più volentieri nel fuoco, che tra le frondi dell'odiato albero. L'istesso Plinio, e Castor Durante copiando da Plinio, insieme con lo Scaligero[213] raccontano, che se nel mezzo d'un cerchio fatto di foglie di bettonica si metterà un serpente, vedrassi rabbiosamente imperversare, e con la coda flagellandosi ammazzarsi. Crede Andrea Lacuna [214], che se una vipera toccata sia con un ramo di faggio rimanga attonita, ed immobile, come se udito avesse gli orrendi, ma per mio credere, inutili e bugiardi susurri dei Marsi incantatori. Costantino [215] nell'Agricoltura afferma, che muoiono quelle serpi, su le quali vengon gettate le foglie della quercia; ed Aezio e l'autore dei medicamenti semplici a Paterniano in compagnia di molti Moderni dicono, che la Conizza con l'acutezza del suo odore mette in fuga le vipere, e gli altri serpenti; e pure io trovo per esperienza molte volte fatta, che le foglie del frassino, della bettonica, del faggio, della quercia, della conizza, del dittamo, del calamento [216], e dell'altre odorose, e fetide erbe menzionate da Nicandro, non solo non sono schivate dalle vipere, ma tra quelle frondi, e secche, e fresche tutti i serpenti volontariamente si ricoverano, e volentierissimo vi soggiornano.

Ma già che siamo tra le favole, non voglio tralasciar [217] di ridurvi in mente quella de gli amori della vipera con la murena, e le finezze affettuose, ed i teneri vezzi di quell'innamorato serpentello con la notante sua Druda, allora quando a' più fervidi raggi del sole fattosi bello, e tutto postosi in gala, se ne passeggia su la riva del mare, e con sibili amorosi la invita a lasciarsi vagheggiare, e mentr'ella dall'onde il capo solleva, ed al lido s'avvicina, egli con avvenente discretezza [218] vomita sopra un sasso, e vi lascia in deposito tutto quel che di velenoso in bocca racchiude, per non amareggiare con quello i tanto desiati sponsali, che in fine consumati, e ritornatosene là dove del veleno sgravato si era, se per mala ventura non ve lo ritrova, s'accora di subito così duramente [219], che disperato in brevissima ora si muore. Udite come un greco versificatore detto Manuel File [220] in certi suoi versi regolati a suo capriccio, e da lui dedicati a Michele Imperadore di Costantinopoli col titolo, *Delle proprietà degli Animali*, tutto ciò descrive, ed in maniera così franca, e sicura, che sembra, che quasi quasi egli ci dica il vero:

Il viperotto e la murena in fuoco

Arser d'amore, e l'un da la natia

Buca, l'altro da l'onde, ad incontrarsi

Trassero insieme: ma non volle, o sire,

Quello sposo novel (tanto era dolce!)

Correr l'arringo marital, se pria

Non ebbe il rio venen dipositato.

Co'vezzi allor del sibilo l'amata

Chiamò a la sponda geniale, e tosto

Ch'ebbero il caro giuoco ambi compiuto,

> *L'un ratto si ribebbe il suo veleno,*
>
> *E via strisciando, rimbucossi; l'altra*
>
> *Per gli umidi sentieri si nascose.*[221]

Ma più diffusamente, e con maggior galanteria di costui, Oppiano in que' libri, che della pescagione scrisse all'Imperadore Antonino Caracalla, ancorché non paia, che si ristringa alla sola vipera, ma parli generalmente dei serpenti.

> *Va intorno a la murena non oscura*
>
> *Fama, che con lei fa le nozze il serpe,*
>
> *E che dal mare ella sen esce presta*
>
> *Al bramante le nozze, ella bramosa.*
>
> *Quello inzigato dentro da focosa*
>
> *Rabbia in amore furioso vanne,*
>
> *E presso al lido fischia amaro serpe;*
>
> *E tosto avvisa una scavata pietra,*
>
> *In cui il mortal veneno egli ributta,*
>
> *E tutta la mortifera possente*
>
> *Bile dei denti sputa, di ruina*
>
> *Mortal tesoro, acciocché mite innanzi*

Vadia a le nozze, e tranquillato, e puro:

E ritto sovra il lido, egli ne scivola

La sua canzona, ad amistà chiamando.

Tosto la nera murena la voce

Ode incantante, e piú che freccia vanne.

Ella dal mar con allungare il passo

Sen viene, e quei da terra su i canuti

Fiotti del mar ne monta: ambo bramosi

D'aver pratica insieme, si s' uniscono.

De la vipera il capo ne riceve

La sposa e sbuffa; e de le nozze allegri,

Quella del mare a'luoghi accostumati

Torna, e 'l serpe a la terra il solco mena,

E da capo risorbe il velen freddo,

Lambendo quel, che pria buttato avea,

E cavato da' denti. Che se poscia

Non trovi quella bile, che di vero

Scorgendola il vïante, con gagliarda

Acqua lavo, e quello allor crucciato

Getta il corpo, finché prenda la sorte

Di funesta improvvisa orrida morte;

Vergognando, che sia venuto d'armi

Sfornito, su le quali ei si fidava

D'esser serpe; ed al sasso il corpo perde

Insieme col veleno.[222]

Passo a bello studio sotto silenzio l'altre favole intorno al coito, ed al parto delle vipere, come quelle che dottamente son già state confutate da molti Autori, ed in particolare da Marc'Aurelio Severino, e prima di lui da Francesco Fernandez di Cordova [223] nel capitolo duodecimo della sua Didascalia. Ma non voglio tacervi quella contata dal Porta [224], che il suono delle corde, fatte di budella di queste bestiuole, sia cagione, che le donne gravide si sconcino, e la creatura disperdano; e quest'altra narrata da Aristotile, che alle bisce se sia troncata la coda, rigermoglia di nuovo, e rinasce, e che ripullulano ancora gli occhi, se sieno a loro cavati; e Rasis, che tra gli Arabi fu pur medico di alto e nobil grido racconta, che alla sola vista d'un buono smeraldo gli occhi alle vipere subito si liquefanno, e schizzano fuor della fronte. Dio buono! e vi sono scrittori solenni quasi in ogni professione, che vogliono a tutti i patti, che queste ciance sien vere, avendole dette la reverenda autorità de gli antichi, e quella fede vi danno, che dar si può a qualunque verità più manifesta [225], e crederebbono tutto ciò, che della contrada di Bengodi [226], e della Pietra Elitropia favoleggiava un giorno Maso del Saggio col semplice, e credulo Calandrino; e se lo trovassero stampato avrebbon per vero, che i Campanili, quasi novelli Dedali [227] dei nostri tempi, spiegar potessero per l'aria il volo. Ma il mondo è stato sempre ad un modo, e fin ne' tempi di Pittagora si trovava si fatta maniera d'uomini semplici, poveri di spirito, e di tutta credulità impastati, l'anime de quali, come sul fine del Timeo [228] scrive Platone, dopo la morte dei corpi trasferivansi ad albergare negli uccelli, per lo che non è maraviglia, se cotali uomini anch'oggi comunemente in Toscana per ischerzo sien chiamati uccellacci: [229]

Non ragioniam di lor, ma guarda, e passa [230]

e volentieri desisto favellarne, perché so molto bene quanto sieno a voi in ira, o Signor Lorenzo, e per lo contrario ognun sa, quanto voi saggiamente siete cauto, ed avveduto in non credere alla bella prima tutto ciò, che ne' libri dei Filosofi si trova scritto, se dove non s'arriva con le geometriche dimostrazioni, forza di possenti argumenti, o replicate esperienze maturamente non ve lo persuadono; ond'io spero, che l'istoria, la quale v'è stato imposto di compilare [231] di quelle naturali esperienze, che da tanti, e tanti anni in qua fannosi con nobile, e glorioso passatempo nella filosofica Accademia della Corte di Toscana [232] di Toscana, sia per ricevere ogni applauso da tutti coloro, che da dovero sono della verità amatori. E questo sia il termine di così lunga, e tediosa lettera, non volendo per somiglianti bagattelle portarvi più noia, né farvi perder più tempo:

Che 'l perder tempo, a chi più sa più spiace.[233]

Bibliografia

Bacchi, W. (1982). *Su alcune note sperimentali di Francesco Redi* (Vol. VII). Annali dell'Istituto e Museo di Storie della Scienza di Firenze.

Bacchi, W. (1983). *Il carteggio di Francesco Redi.* Annali dell'Istituto e Museo di Storia della Scienza di Firenze.

Bernardi, W. (1997). Il naturalista del Granduca. La carriere di uno scienziato e poeta aretino alla Corte dei medici. In W. Bernardi, G. Pagliano, L. Santini, F. Strumia, L. Tongiorgi Tomasi, & P. Tongiorgi , *Natura e immagine. Il manoscritto di Francesco Redi sugli insetti delle galle* (p. 11-28). Pisa: Ets.

Bernardi, W. (1997). Il problema della generazione degli insetti delle galle nei manoscritti e nei protocolli di laboratorio di Francesco Redi. In W. Bernardi, G. Pagliano, L. Santini, F. Strumia, L. Tongiorgi Tomasi, & P. Tongiorgi. Pisa: Ets.

Bernardi, W., Pagliano, G., Santini, L., Strumia, F., Tongiorgi Tomasi, L., & Tongiorgi, P. (1997). Natura e immagine. Il manoscritto di francesco redi sugli insetti delle galle. Pisa: ETS.

Cestoni, G. (1940-1941). *Epistolario ad Antonio Vallisnieri.* Roma: Reale Accademia d'Italia.

Findlen , P. (1994). *Possessing Nature. Museums, Collecting, and Scientific Culture in early Modern Italy.* Berkeley-Los Angeles-London: University of California Press.

Findlen, P. (1993). Controlling the Experiment: Rethoric, Court Patronage and the Experimental Method of Francesco Redi. *History of Science, XXXI,* 35-64.

Malpighi, M. (1975). *Correspondance.* Ithaca (N.Y.): Cornell University Press.

Olmi, G. (1995). recensione a Findlen (1994). *Nuncius, X,* 363-365.

Procissi, A. (1962). *Sui manoscritti di Francesco Redi.* Actes.

Redi, F. (1809-1811). *Opere di Francesco Redi Gentiluomo Aretino e Accademico della Crusca.* Milano: Società Tipografica de' Classici Italiani.

Redi, F. (1985). *Consulti medici.* (C. Doni, A cura di) Editoriale Toscano.

Redi, F. (1996). *Esperienze intorno alla generazione degl'insetti.* (W. Bernardi, A cura di) Firenze: Giunti.

Rusconi, B. (1839). *Per le nozze Rusconi e Alberghini.* Bologna: Nobili e Comp.

Santini, L., Tongiorgi Tomasi, L., & Tongiorgi, P. (s.d.). *Francesco Redi e il problema delle galle: un manoscritto inedito e la relativa iconografia* (Vol. LXIV). Redia.

Targioni Tozzetti, G. (1780). *Notizie degli aggrandimenti delle scienze fisiche accaduri in Toscana nel corso degli anni LX del secolo XVII raccolte dal Dottor Giovannni Targioni Tozzetti.* Firenze: G. Bouchard.

Tongiorgi Tomasi, L. (1981). *Materiale iconografico e appunti inediti rediani in margine alle "Esperienze intorno alle generazioni degli insetti"* (Vol. II). Nouvelles de le République des Lettres.

Tribby, P. (1991). Cooking (with) Clio and Cleo: Eloquence and Experiment in Seventeeth-century Florence. *Journal of the History of Ideas, LII,* 417-439.

Tribby, P. (1994). Club Medici: Natural Experiment and the Imagineering of «Tuscany». *Configuration. A journal of Literature, Science, and Technology, II,* 215-235.

Viviani, U. (1931). *Vita, opere, iconografia, vocabolario inedito delle voce aretine e libro inedito dei «Ricordi» di Francesco Redi aretino. Parte III. La Vacchetta*. Arezzo: Beucci.

Note

Abbreviazioni :

BMF (Biblioteca Marucelliana, Firenze)

BMFL (Biblioteca Medicea-Laurenziana, Firenze)

[1] *Francesco Redi, un protagonista della scienza moderna. Documenti, esperimenti, immagini.* Biblioteca di «Nuncius», vol. 33, 1999, Leo Olschki editore, Firenze.

[2] Già all'inizio degli anni '60, Angiolo Procissi aveva invano cercato di attirare l'attenzione sull'importanza dei Fondi rediani delle biblioteche fiorentine, auspicando che ne venisse fatta quantomeno «un'accurata e precisa ricognizione». Cfr. PROCISSI 1962,p.59. Da allora solo alcuni volenterosi pionieri hanno fatto qualche fuggevole incursione nei manoscritti rediani. Cfr. TONGIORGI TOMASI 1981, SANTINI-TONGIORGI TOMASI-TONGIORGI 1981, BACCHI 1982 E 1983. Ulteriori e più approfondite indagini su questo materiale sono state avviate in occasione delle manifestazioni per il Terzo Centenario della morte di Francesco Redi. CFR. REDI 1996, BERNARDI 1997 E 1997°, BERNARDI-PAGLIANO-SANTINI-STRUMIA-TONGIORGI TOMASI-TONGIORGI 1997.

[3] Cfr. in particolare FINDLEN 1993 e 1994, e TRIBBY 1991 e 1994. Per un'analisi meditata di questo filone di ricercar storiografica.

[4] In una lettera ad Antonio Baldigiani del 23 febbraio 1673 Redi rivendicava con decisione di essere «un cortigiano», e di «conoscere tutte le mode» (REDI 1809-1811, VI, p.312). Anche alla fine della vita, in un'altra lettera a Giuseppe Lanzoni del 10 aprile 1694, lo scienziato adduceva come scusa del ritardo di una pubblicazione che aveva annunciato da tempo il fatto che era, prima di tutto, «cortigiano» (ID. 1779-1795, II, pp.123). Se conosceva quali erano i suoi, oltre che le sue prerogative, di cortigiano, Redi era anche perfettamente consapevole che alla Corte medicea bisognava starci come «alla guerra» (Lettera a Magalotti dell'8 febbraio 1679, ID. 1809-1811, VII, 31).

[5] Cfr., a questo proposito, le osservazioni particolarmente efficaci di FINDLEN 1994, p. 215.

[6] Lettera del 7 marzo 1679, in MALPIGHI 1975, II, p. 380.

[7] CESTONI 1940-1941, I, P. 130.

[8] BMF, Ms. Redi 34, c. 57r. Sulla figura di Filizio Pizzichi e la sua collaborazione artistica con Redi cfr. TONGIORGI TOMASI-TONGIORGI 1997.

[9] BMF, Ms. Redi 31, cc. 155r-165v e 158r

[10] Lettere a Vincenzo Viviani del 21 marzo 1667 ed a Federico Nomi del 31 marzo 1670, in REDI 1809-1811, VII, p.213, VI p.281.

[11] TRIBBY 1994, p. 219.

[12] REDI 1996, pp.128-129. Cfr. anche il celebre incipit delle *Osservazioni intorno alle vipere*: «Ogni giorno più mi vado confermando nel mio proposito di non voler dar fede nelle cose naturali, se non a quello che con gli occhi miei propri io vedo, e se dall'iterata e reiterata esperienza non mi venga confermato» (ID. 1809-1811, III, p.149)

[13] BMLF, Ms. Redi 199, c. 1r. Il Ms. porta sul frontespizio in titolo *Memorie nella fabbrica de' Sali fattizi, e loro operazioni, cominciato l'anno 1660*. All'interno si trova un nuovo titolo a caratteri stampatelli alti: *Fu da S. A. S.ma ordinato che si tenesse esatta diligenza in fabbricare li Sali fattizi di droghe, radiche, erbe, frutti e fiori con la figura dei loro lapilli nella spezieria di S. A. S.ma, cominciato o dì 16 aprile 1660 al poggio di caiano*. La calligrafia è nitida e stilizzata, tipica di un copista. Ma doveva certamente trattarsi di un impiegato della Spezieria Granducale perché, quando viene citato qualcuno che lavorava nella prestigiosa istituzione fiorentina viene sempre definito «nostro». Era stato lo stesso Granduca Ferdinando II a far distillare grandi quantità di Sali di origine vegetale, sperando che potessero essere usati in

modica quantità come purganti. Basandosi su questo presupposto dettato dalla «ragione filosofica», «fece l'Altezza sua riflessione che mentre questi Sali ritenessero parte della loro virtù, sarebbe bella introduzione di medicamento lenitivo che in poca quantità, senza cattivo odore e sapore, si potesse sodisfare alle persone delicate, le quali abborriscono il medicarsi al modo antico, che più presto di pigliare una medicina vogliono vivere con molti mesi di male prima di venire a tale risoluzione» (Ibid.).

[14] BMLF, Ms. Redi 199, cc. 1*v*, 3*v*, 4*r*, 4*v*, 5*r*, 5*v*, 8*r*, 8*v*, 10*r*, 10*v*,15*r*. All'inizio la sperimentazione era stata diretta da Antonio Oliva, mentre il «Sig. Dottore Redi giovane» aveva fatto la sua comparsa un po' più tardi, finendo poi per assumere la direzione della ricerca. Cfr. *Ivi*, c. 3*r*, 4*r*, 4*v*. Oltre ai «venturieri», anche persone un po' più di riguardo si erano sottoposte volontariamente alle prove, evidentemente per curarsi, come «Carlo Lagli», la «Sig. Marc. Capponi», «Francesco Lanzani nostro di Spezzieria di S. A. S.ma», «una donna parente di Agnolo Dogliosi di cucina segreta», lo stesso Oliva e il «Sig. Agnolo Donnini» (*Ivi*, cc. 10*v*, 11*r*,87*r*). Compaiono nel manoscritto anche inservienti personali del Granduca o di altri di famiglia, come il barbiere o il suo sarto personale. Conosciamo in questo modo anche il nome del nano del Granduca: era il «Sig. Gabriello Martines nano di S.A.S.ma», che prende una

pozione e viene servito personalmente e «con ogni puntualità» da «Orazio Cecini staffiere di S.A.S.ma» (*Ivi*, c. 16*v*). Non vengono invece rammentate per nome le donne di servizio a Corte, tranne «la Lucrezia fanciulla, la quale era oppilata» (*Ivi*, c. 16*r*).

[15] BMF, Ms. Redi 32, c. 306*r*.

[16] BMF, Ms. Redi 31, cc. 107*r*, 194*r*, 222*r*, 243*r*,249*r*.

[17] BMF, Ms. Redi 30, cc. 164*r*-164*v*. Di questo pescatore parla anche Borelli in una lettera al Principe Leopoldo citata in Targioni Tozzetti 1780, I, p. 393.

[18] In una nota del 15 dicembre 1658 del suo *Libro di Ricordi* scriveva di aver comprato proprio da «Mattio delle Montagne di Pistoia dieci libbre di scorpioni» (Viviani 1931,p. 20).

[19] Su Sandrini cfr. Redi 1809-1811,IV, p.11. Il nome di Leoncini è ricordato nel Ms. Redi 31, c. 75*r*, in un protocollo del 25 marzo 1679. Del «famoso Checchia, staffiere di S.A.S.» Redi parla in una lettera del 19 marzo 1682 a Jacopo del Lapo (Redi 1825, pp. 32-4). Per «Jacinto di Fonderia», abile a preparare uno «spirito di vetriuolo» che era «potentissimo spirito», cfr. Ms. Redi 29, cc. 256, 257,266, 286, 505.

[20] BMF, Ms. Redi, c. 308*r*.

[21] REDI 1809-1811, III, pp. 154, 156, 159. Ampi resoconti delle «prodezze» di Jacopo Viperaio e di un suo anonimo «compagno», ma anche delle loro conoscenze anatomiche sulle vipere, si trovano nei Ms. Redi 37, cc. 125v-126r, e Redi 32, cc. 307r-308v. Cfr. anche la versione di Lorenzo Magalotti, riportata da TARGIONI TOZZETTI 1780, I, pp. 165-68.

[22] BMF, Ms. Redi 34, cc. 20*r*-21*v*.

[23] BMF, Ms. Redi 32, c. 143*r*.

[24] BMF, Ms. Redi 32, cc. 256*r*-256*v*.

[25] BMF, Ms. Redi 32, c. 290*r*. Per altri riferimenti a «Peppo» presenti nello stesso Ms. Redi 32, cfr. cc. 45*r*, 75*r*,143*r*, 151*r*, 189*r*, 258*r*, 284*r*.

[26] REDI 1809-1811, V, pp. 147-48.

[27] BMF, Ms. Redi 30, cc. 164*r*-164*v*.

[28] BMF, Ms. Redi 34, c. 137, ora pubblicato in BERNARDI 1997°, p.68.

[29] BMF, Ms. Redi 26, c. 31*r*.

[30] BMF, Ms. Redi 31, cc. 103*v*-104*r*.

[31] Ecco una piccola scelte di lamentele nelle lettere ai parenti: «Io sono già dieci giorni che non sono punto tornato a casa perché ho il Granduca malato con la febbre e risipola». «Io sono ancora qui a Palazzo e son già

più di cinquanta giorni che non sono tornato né poco né punto a casa, né meno pe un momento di ora«. «Io per me di ventiquattr'ore che è il giorno non ne sto in casa se non sei.» (Redi 1985, pp. 276, 280, 290).

[32] BMF, Ms. Redi 31, cc. 278*r-v*.

[33] BMF, Ms. Redi 29, cc. 637, 640, 641, 643, 644, 646, 647.

[34] RUSCONI 1839, p. 8 non num.

[35] Per una rassegna dettagliata delle diverse spiegazioni cfr. BERNARDI 1997a, pp. 50-51.

[36] REDI 1996, p. 135.

[37] CESTONI 1940-1941, I, p. 94.

[38] BMF, Ms. Redi 34, cc; 51*v*, 52*r*, 52*v*. Gli altri due riferimenti ad esperienze personali sul campo sono registrate il 1 luglio 1667, quando Redi scrive che Tozzi gli aveva portato «tre bruci presi nel cerro» che erano identici a quelli che aveva preso lui «l'anno passato» «nel leccio» , e il 20 settembre 1667. Cfr. *ivi*, cc. 61*r*, 73*r*.

[39] Lorenzo Magalotti, filosofo, scienziato e scrittore, n. in Roma il 13 dicembre 1637, m. in Firenze il 2 marzo 1712. Fu segretario dell'Accademia del Cimento e come tale scrisse i *Saggi di naturali esperienze* fatte in quell'Accademia, saggi che (a parte il grande merito

scientifico) rimangono in pregio come modelli di prosa del genere.

⁴⁰ Dante, *Purg.*, III, 79.

⁴¹ Ferdinando II, quinto fra i granduchi di Toscana, n. nel 1610, salì al trono nel '21, m. nel '70. Favorì le scienze, e da Roma, ove il Redi insegnava rettorica al servigio e nel palazzo dei principi Colonnesi, lo chiamò a Firenze e lo fece primo medico di corte

⁴² Alessandro Magno (356-323 a.C.), figlio di Filippo re di Macedonia, conquistò parte dell'Europa dell'Africa e grandissima parte dell'Asia: morì in Babilonia. Ebbe a maestro Aristotile.

⁴³ Aristotile, il grande filosofo greco, n. a Stagira il 384 a.C., m. nel 322 a Calcide d'Eubea. Fu l'ingegno più vasto dell'antichità. Le opere sue formano come un'enciclopedia di tutta la sapienza dei suoi tempi.

⁴⁴ Verso del Petrarca, *Trionfo d'Amore*, I, 101, nel proposito di Marco Aurelio imperatore romano.

⁴⁵ Convito: *il Simposio* di Platone.

⁴⁶ Triaca: medicamento o elettuario la composizione del quale variò in diversi tempi: oggi pochissimo usato

[47] Biscanto è, spiega il Fanfani, «canto, banda, lato rotto, e come tagliato a due, onde invece di un canto o lato, vengono a formarsene due».

[48] Le tuniche dei denti.

[49] Trivial: usuale, comune, con l'idea della bassezza. Pure i latini dissero: in cauda venenum.

[50] *Trionfo della Morte*, II, 79-81.

[51] Ippia: oratore greco di molta sapienza. Il vanto a cui qui si accenna puoi trovarlo in Senofonte, *Memor.* IV, 4; e Cicerone (*De Oratore*) dice: «Hippias gloriatus est, cuncta pene audiente Graecia, nihil esse ulla in arte rerum, quod ipse nesciret» (Ippia si gloriò, mentre l'udiva quasi tutta la Grecia, che non vi era cosa che egli ignorasse).

[52] Archesilao (o Arcesilas) filosofo greco n. forse il 316 a.C., m. il 241. Fondò la seconda Accademia, chiamata seconda scuola o media, la quale poneva per principio che non possiamo conoscere cosa alcuna, e nemmeno assicurarci della certezza di un tal principio; onde inferivasi che non possiamo affermar nulla, ma che dobbiamo sospendere sempre il nostro giudizio.

[53] Galeno: n. a Pergamo il 180 d.C., m. nei primi decenni del terzo secolo, «uomo come il Redi scrive più avanti che nella medicina dopo Ippocrate non ha avuto

l'eguale». Come anatomico riconobbe pe 'l primo l'ufficio dei muscoli. Il R. qui si riferisce ai due *libri De antidotis* e *De theriaca*.

[54] Plinio, detto il vecchio, per distinguerlo dal nipote detto il giovane, n. a Como il 23 d. C., m. il 79 nell'eruzione del Vesuvio. Fu il più grande fra i naturalisti romani. Delle molte opere da lui scritte non rimangono che i 37 libri *Naturalis Historiae*.

[55] Dire a lettere di scatola o a lettere di speziali è dire il suo parere liberamente, fuor dei denti, senza sottintesi, e ciò perché nelle scatole degli speziali è scritto a lettere grandi ciò che vi è dentro.

[56] Avicenna, chiamato ai suoi tempi «il principe dei medici» n. il 980 d.C. a Charmantim presso Bochara, m. nel 1037.

[57] Rasis «tra gli Arabi, dice il Redi più oltre, fu medico di alto e nobil grido» n. verso l'860 d. C. nella città di Raj in Persia (donde il soprannome di Rasis; il suo vero nome era Maommed Abu Beerse), m. nel 963: di lui ci restano molte opere, in gran parte ancora inedite. Sul principiare del sec. XIV Zucchero Bencivenni, come il Redi ci informa nelle *Lettere* e nelle note al *Ditirambo*, ne fece in volgare una traduzione che si conserva nella Biblioteca Laurenziana di Firenze.

[58] Ali Abate: celebre medico arabo morto il 995 d.C.

[59] Albucasis: altro medico arabo, n. non si sa precisamente l'anno a Alzarah, città della Spagna, m. nel 1107 d.C. L'opera sua principale che ha per titolo *Metodo di pratica* fu, nella traduzione latina, ristampata più volte nel sec. XVI.

[60] Guglielmo da Piacenza conosciuto più comunemente sotto il nome di Guglielmo da Saliceto, nacque a Piacenza nel principio del secolo decimoterzo, morì a Verona nel 1276.

Santi Arduino compose fra il 1424 e il '26 l'*Opus de venenis* che fu stampato parecchie volte: in una edizione del 1492 Ferdinando Pozzetti, cardinale del titolo di San Pancrazio, vi aggiunse un suo commento.

Bertruccio (Bertuccio diminutivo di Alberto) bolognese, medico e scrittore in latino di opere mediche, alcune delle quali a stampa, mori in patria nella famosa peste del 1347.

Cesalpino Andrea, n. in Arezzo nel 1519, m. nel 1603. Celebre per molte opere di botanica, e nel campo della fisiologia perché, come riconosce lo stesso Redi (*Degli animali viventi negli animali viventi*) «fu uno dei primi scopritori della circolazione del sangue». Baldo Angelo Abati «di Gubbio archiatro del Duca d'Urbino, scrisse *Della Storia naturale delle vipere, e degli usi di essa in medicina*» (C. L.).

Cardano, n. a Pavia nel 1501, m. a Roma nel 1576, medico, filosofo e matematico, ebbe rinomanza somma nel suo secolo. Delle moltissime opere basti qui ricordare il trattato *De venenis*.

Giulio Cesare Claudino (o Claudini) medico bolognese, m. nel 1618.

Guglielmo Pisone, naturalista olandese della metà del sec. XVII, fu autore reputato dell'*Historia naturalis Brasiliae*, stampata a Leyda nel 1648.

[61] Dante, *Inf.*, IV, 132.

[62] G.B. Odierna, da Ragusa in Sicilia, 1597-1660, matematico, astronomo, meccanico e naturalista esimio, fu fedele alla scuola galileiana, ebbe sempre a guida dei suoi studi l'osservazione e l'esperienza, che gli valse utili scoperte. Vuolsi da alcuni ch'e'precedesse Newton nell'analisi della luce; certo è, che il suo discorso Sul prisma è il primo trattato di ottica in cui descrivansi gli usi e alcune proprietà di detto strumento.(C. L.).

[63] Marc'Aurelio Severino fu medico famoso calabrese, e morì nella peste di Napoli del 1656 (era nato nel 1580). Seguace di Telesio e Campanella, volle innovare anche in medicina, che messe tutta a rumore col ferro

e col fuoco, predicati da lui rimedi sovrani. I medici imperversarono anch'essi, lo accusarono d'inumanità, e fecero tanto da metterlo in carcere. Ma il ferro e il fuoco di Severino vinsero, ed egli ebbe cattedra di medicina e notomia nell'università di Napoli. Scrisse *Della natura e del veleno della vipera*. La sua opera maggiore è la *Zootomia Democritea*, trattato di anotomia comparata, ove tu trovi i germi di molte scoperte notomiche moderne, quali le ghiandole del Peyer, i tubercoli dell'uretra di Graaf, e il trigone di Lieutaud (C. L.).

[64] Alberto Magno, n. a Lauingen (Svevia) nel 1203, m. nel 1280 a Colonia: filosofo teologo e scienziato di gran nome nella scolastica commento e rese popolari le opere di Aristotile.

[65] Anche il Magalotti, in una lettera ad Ottavio Falconieri intorno ad alcune di tali osservazioni sulle vipere, parla di questo Iacopo viperaio, il quale fece strabiliare due notomisti inglesi agli stipendi del Gran Duca, ch'erano presenti alle sue prove. Pare anzi, che le si tenessero a bella posta per essi, che troppo incaponiti della velenosità della vipera, non intendeano ragione. Onde il Magalotti conchiude: «Qui, come V. S. illustrissima vede, s'è imparato molto, col disimparar molte di quelle cose che si credevano di sapere: e così accade il più delle volte, quando si va dietro alla verità, e non a sostenere gl'impegni». Nel primo tomo degli scritti di

Giuseppe Arcangeli testé pubblicati, leggo del detto viperaio così: «Non sarebbe egli forse questo Iacopo uno dei Sozzi di Popiglio (terra della montagna pistoiese)? Pare che l'arte del viperaio stesse di casa lassù; perché anche nella mia fanciullezza sentiva dare questa lode ad un certo prete Gerbi di San Marcello, l'ultimo di quella famiglia da cui derivò il celebre Padre Marcello» (*Lettera all'abate Enrico Bindi*, Pistoia, 14 del 1845 a carte 386) (C. L.).

[66] Gli antichi Marsi, popoli di razza sabellica abitanti un altipiano intorno al lago Fucino: gli antichi Psilli, popolo dell'interno della Cirenaica. Di costoro in relazione coi serpenti più cose favoleggiarono gli antichi (cfr. Plinio, VII). Si disse che, ben lungi dal temere i rettili velenosi, li fugavano anzi soltanto con l'odore che i loro corpi vaporavano o collo sputo; come collo sputo medicavano in altri le ferite cacciandone il veleno; onde poi il nome di Marsi e di Psilli si arrogarono tutti coloro che facevano professione di dar caccia ai serpenti o di guarirne col succhiarle le ferite, come dice il Nostro più innanzi.

[67] Che si era ciurmato: che aveva bevuto la porzione acconcia a render vani gli effetti del veleno. «Ciurmare è proprio il dar bere, che fanno i ciurmadori, di vino o d'altro sopra di cui hanno detto una lunga intemerata di parole; la qual bevanda, dicono essi essere antidoto

alle morsicature de serpi e d'altri animali velenosi».
Così il Dizionario del Tram., che porta questo esempio
del Sacchetti, Novelle, 229: «Il maestro Pistoja non se
ne curava (di una gran serpe apparsa nella camera) dicendo che era ciurmato».

[68] Mitridato: «sorta di antidoto la cui virtù si credea esser contro i veleni. Era composto di moltissimi ingre-
dienti, e se ne attribuiva l'invenzione al re Mitridate».
(Tram. Diz.).

[69] *Alessifarmaco* propriamente significa Amuleto e Medicamento contro veleni; imperocché questo veramente e strettamente vuol dire il greco *alexipharmacon*
ancorché poi largamente e per metafora sia stato applicato da Greci ad ogni rimedio, avendo Demostene fin
dato questo nome d'Alessifarmaco a una legge da lui
fatta e promulgata». (Redi, *Lett. al senator Aless. Segni*,
1° febbraio 1688).

[70] Cicuta...elleboro: piante velenose per gli uomini, di
nessun danno agli animali qui ricordati.

[71] Grano: la cinquecentosettanseesima parte dell'oncia.

[72] Scrodero (Schröder) Giovanni, n. a Salz-Uffeln nella
Vestfalia il 1600, m. a Francoforte sul Meno nel '64.

[73] Mercuriale Girolamo, medico, n. a Forlì il 1530, m. in patria nel 1606. Ebbe gran fama in allora e lasciò molte opere di medicina e di varia erudizione.

[74] Grevino (Grévin) Giacomo, poeta e medico francese, n. a Clermont nel 1538, m. a Torino nel 1570.

[75] Dante, *Inf.*, XXV, 46.

[76] Giulebbo: sciroppo; perlato. Così detto perché nella confezione entrava polvere di perle.

[77] Dante, *Inf.*, II, 90.

[78] Mollame: «parte carnosa che agevolmente cede al tatto. Adesso questa voce può dirsi morta. Chi volesse rendere l'idea da essa espressa direbbe piuttosto *morbidume*. M. Aldobrandino: «A comparazione del mollame degli altri membri del corpo..., è freddo e umido». Paolo Orosio 199: «I leonfanti (elefanti N.d.C.) nella primaia battaglia furono fediti, e convertiti in caccia; e ponendo loro il fuoco al mollame tra le coscie di dietro, e temendo per lo fuoco» (Tomm., Diz.).

[79] Capo di Vacca, o Capivaccio Girolamo, padovano, famoso medico e scrittore anatomico, m. nel 1589.

[80] Zacuto Abraham, medico, n. a Lisbona nel 1575 m. nel 1642.

[81] Aezio: scrittore greco di medicina, nativo di Amida in Mesopotamia, vissuto alla fine del 5° o al principio del 6° secolo di Cristo

[82] Dioscoride Pedacio o Pedanio, medico greco del 1° o del 2° secolo d.C. La sua opera *La materia medica*, a cui si aggiunsero posteriormente i libri apocrifi *Sopra gli antidoti*, tenne per molto tempo un'autorità incontrastata fra i libri di medicamenti.

[83] Fumosissimo. Il Salvini nelle annotazioni alla *Fiera* del Buonarroti (pronipote dell'altro, più famoso, Michelangelo (N.d.C.)) avverte che «Fumoso si dice del vino nobile e generoso che ha del fummo (della forza, della gagliardia)» e il Redi nel *Ditirambo* «Un gentil bevitor mai non s'ingolfa/ In quel fumoso e fervido diluvio (del Falerno della Tolfa e del vino del Vesuvio)»

[84] P. Emilio Ferrallo. Di lui non ho trovato notizie.

[85] Auricule: orecchiette. Nelle *Esperienze intorno alla generazione degli insetti* il Redi si ricredé poi di questa sua opinione, dicendo: «In vero bisogna che io avessi le traveggole, allora quando nelle mie *Osservazioni intorno alle vipere* scrissi che il cuore di questi serpentelli ha due auricole e due cavità o ventricoli; imperocché il cuor viperino non ha che una sola auricola ed una sola cavità. Egli è ben vero che quella sola auricola gonfiata si dirama come in due tronchi, ed internamente ha una

sottilissima membrana che quasi la divide in due celle;
e per queste due divisioni entrando e cercando con lo
stile o tenta, mi riuscì pigliar l'errore dei due ventricoli,
uno dei quali veramente vi è, ma l'altro mi veniva disavvedutamente fatto con la tenta».

[86] Cleopatra, ec. Plutarco, nella *Vita di Antonio* (traduz.
di Marc. Adriani, già cit.) scrive: «Raccontasi essere
stato portato un aspido tra que' fichi nelle foglie di sopra, come comando Cleopatra, acciò nel pigliarsi s'av-
ventasse alla mano non pensandovi ella: ma che
quando nel levar i fichi lo vide, disse: O tu eri qui? e
stese il braccio nudo per farsi mordere. Altri dicono
che 'l conservò chiuso dentro a un vaso, e stuzzicandolo con certo fuso d'oro lo irritò sí che surgendo se le
appiccò al braccio: ma non ci ha persona che il vero ne
sappia. E fu detto ancora che portava il veleno dentro
a uno spilletto scavato, ne' capelli nascoso: ma non si
vide macchia nel corpo né segno d' altro veleno; e dentro al sepolcro non fu la bestiola veduta, solo al lito del
mare certa traccia e segno torto nella rena da quella
parte del sepolcro, che ha le finestre, dissero alcuni d'a-
ver veduto, e altri d'aver scorto nel braccio di Cleopatra due punture sottili ed oscure; a' quali mostrò di creder Cesare, quando fece nel trionfo condursi l'immagine di Cleopatra con l'aspido appiccato. Così si racconta esser seguito questo fatto».

[87] Dione Cassio di Nicea, fiorito nella prima metà del terzo sec. d. C. Scrisse in 80 libri la storia di Roma dalla fondazione sino al 230, ma non ne resta che parte.

[88] Nicandro, medico, grammatico e poeta, fu di Colofone e fiorì a Pergamo intorno al 150 d. C. Delle molte opere di lui non ci sono giunti che due poemetti medicinali sui veleni e sulle morsicature velenose.

[89] Eliano, di Preneste, vissuto intorno al 180 d.C. Oltre alla *Storia Varia* scrisse ancora una *Storia degli animali* in 17 libri.

[90] Pier Vettori (1499-1585) letterato ed erudito fiorentino che molto si adoperò e nell'emendare la lezione degli antichi scrittori greci e latini e nell'illustrarli e nel procurarne la stampa: fu pure elegante scrittore italiano nell'opera *Della coltivazione degli ulivi*. Per quanto qui dice il Redi, puoi vedere il libro IV cap. XXII delle *Varie Lezioni* di esso Vettori, scritte in latino e pubblicate in Firenze nel 1553 e di nuovo aumentate nel 1582.

[91] Plutarco di Cheronea, vissuto in circa fra il 50 e il 120 d.C. Famosissime sono le sue *Vite Parallele* contenenti 50 biografie di illustri greci e romani. Né solo ha altissimo merito come storico, ma si ancora per la varia e vasta erudizione raccolta nelle *Opere morali*.

Properzio Sestio: uno dei maggiori poeti elegiaci latini, n. forse nel 46 a.C., si ignora l'anno di sua morte, forse nel 16 a.C. Per quanto è qui detto dal Redi, cfr. l'elegia 11 del libro III.

Paolo Orosio, storico e teologo spagnuolo del quinto secolo di Cristo. Compose l'opera intitolata *Historiarum adversus paganos*, lib. VII.

Paolo Diacono, storico e poeta latino, autore del *De gestis longobardorum*, n. nel Friuli nel 730, m. nel convento di Montecassino l'anno 801 [?].

[92] Gorleo. Pone il nome dell'autore invece dell'opera la quale ha per titolo: *Dactylotheca, seu annulorum sigilorumque promptuarium*. Il Gorleo (de Goorlej, Abramo) fu antiquario belga, nacque ad Anversa nel 1549, morì a Delft nel 1609.

[93] Gasparo Ofmanno (Hoffman, n. a Gotha nel 1572, m. a Altfort nel 1649.

[94] Dante, *Purg.*, XXII, 28-30.

[95] Cornelio Celso: non se ne sa la patria. Certamente visse a Roma sotto Tiberio, ed ebbe gran fama come scrittore e come scienziato per la vasta enciclopedia *De Artibus* di cui ci rimangono i libri VI-XIII.

[96] Lucano M. Anneo, autore del poema storico *Farsaglia*, n. il 39 d.C., m. nel 65.

[97] Catone (95-46 a.C.) detto l'Uticense perché nella città di Utica, in Africa, per non cadere nelle mani di Cesare si uccise.

[98] Nella bella traduzione di Francesco Cassi questi versi sono un po' liberamente resi così (*Pharsaliae*, IX, 1411).

[99] *Mattiolo* (1501-77): «Va famoso pe: *Comenti su Dioscoride*, tesoro della erudizione botanica di que' tempi, e degli studi fatti ne viaggi di Italia e di Germania: difetta però nel metodo e per soverchia credulità. Emigrato da Siena sua patria per infortuni di guerra, recossi a esercitar medicina a Trento e poi a Gorizia. Ivi era così bene affetto, che rimasto una notte diserto di tutto da un incendio, il domani si vide accorrere i cittadini con ogni bene di Dio; e il magistrato gli anticipò l'annata... Poi fu chiamato a Praga da Ferdinando I, e a Vienna da Massimiliano II» (C. L.).

[100] Bantan o Bantam provincia dell'isola di Giava: la capitale omonima è quasi oggi interamente distrutta, avendo gli Olandesi, padroni dell'isola, trasportato a Batavia il centro del loro commercio.

[101] Dalmati: nome delle tribù illiriche nel centro del paese dai Romani detto Illirico sulla costa orientale dell'Adriatico.

[102] Saci: tribù degli Sciti le quali occupavano le steppe del Kirghiz Kasaks (nella Russia europea di S.E. e nella asiatica di S.O.) e le regioni fra l'Est e l'Ovest del *Bolor* (catene di montagne nell'Asia centrale fra il Turchestan orientale e l'occidentale).

[103] Elenio: «è l'enula campana, conosciuta in medicina come tonica e stomatica, così detta dal greco *elevion,,* perché vuolsi fosse la prima Elena ad usarla contro il morso dei serpenti» (C. L.).

[104] Amato Lusitano: ebreo portoghese (1511-68), scrisse un commento su Dioscoride, ed uno d'Avicenna che smarri nello scappare d'Ancona perseguitato da Paolo IV» (C. L.).

[105] Ciurmatore: colui che facea il mestiere di educare e vincere la forza e il veleno dei serpenti: generalmente si adopera per ciarlatano, saltimbanco.

[106] Attuario: medico greco del secolo XIII.

[107] Aldrovando: Ulisse Aldrovandi, medico bolognese [1522-71], restò famoso in ispecie per la sua Ornitologia. L'opera a cui il Redi si riferisce ha il titolo *Serpentum et draconum historiae libri duo*, etc. (Bologna, 1640).

[108] Carità o pietà pelosa «dicesi in proverbio quando sotto spezie di carità verso altrui si tende al proprio interesse». Così spiega il Tram. Diz., e reca questo

esempio della *Suocera* del Varchi: «Guarda carità pelosa che era quella».

[109] Svetonio: storico, erudito e grammatico vissuto in Roma nei primi 30 anni del secondo secolo d.C. Deve la fama specialmente all'opera *De Vita Caesarum* in 8 libri.

[110] È la prima quartina di un sonetto del Petrarca (Canzoniere).

[111] Ofiogeni: «da οφισ, serpente, e γενοσ, generazione. Così chiamavasi una razza d'uomini nell'Ellesponto, discendenti, come favoleggiavasi, d'un eroe trasformato in serpente; i quali col tocco o coll'apposizione della mano avevano virtù di sanare i morsi di quei rettili» (C. L.). Cfr. Plinio, lib. VII, 2.

[112] Aulo Gellio: grammatico romano del secondo secolo d. G. Lasciò le *Noctes atticae* in venti libri: il principio della prefazione, tutto l'ottavo, e la fine del ventesimo libro sono perduti.

[113] In latino nel testo originale.

[114] Damocrate (o Democrate), greco d'origine, visse in Roma nella prima metà del primo secolo d.C.

[115] Tomm. Bartolini, danese, n. il 1616, m. nel 1680: il Redi (Esperienze intorno agli insetti) lo dice «uomo per

universale consentimento annoverato tra i maggiori e più rinomati medici dell'età presente e della passata».

[116] Atanasio Chircherio (Kircher), matematico medico e filosofo n. a Geysa presso Fulda nel 1601, m. a Roma nel 1680.

[117] Figliuolo di Circe: Marso. Cfr. Plinio, lib. VII, 2.

[118] Tommaso Reinesio, medico, n. a Gotha nel 1587, morto a Lipsia nel 1667. Fra l'opere sue di più momento si ricorda la *Chimiatria ec.*, stampata a Gera nel 1624.

[119] Marziale M. Valerio: il poeta epigrammatico latino, n. a Bilbili in Spagna intorno al 40 d.C., m. in patria nei primi anni del secondo secolo.

[120] È l'epigr. XLI del libro I.

[121] Scambiarono...graziata. Si è reso il greco alla lettera, non conforme al nostro modo di concepire. Vuol dire che la madre fu libera dalla morte stillatole col veleno nella poppa, perché il veleno, causa di morte, passò per il succhiamento nel ventre del capretto. (Se pure il testo greco non voglia più tosto dire che il benefizio della vita cui l'alvo materno diede al capretto, gli fu tolto dalla poppa).

[122] Il Fontana sperimentò inutile la succiatura con la bocca e le mignatte sui piccioni e sui porcellini d'India:

meglio forse gioverebbero le ventose. Quanto alla legatura, sebbene riuscissegli utile in questi animali, pure per altre esperienze non sarebbe inclinato a darle gran fiducia, finché almeno non si conoscano meglio le condizioni in cui dee usarsi: raccomanda però farla leggiera e di breve durata per non andare incontro a cancrena. Ma la cauterizzazione col ferro rovente è l'espediente più sicuro. Dei rimedi interni, i piú accreditati sono l'ammoniaca liquida, i cloruri tanto commendati da Bernardo de Jussieu e da Rufz. Pure se si pone mente, che, fra noi almeno, le ferite viperine non sono quella tanto micidial cosa che comunemente si pensa, verrà fatto credere, che in molte guarigioni molto si debba all'opera spontanea della natura (C. L.).

[123] Gilberto Anglico, n. a Colchester nel 1540, m. a Londra nel 1603.

[124] Q. Ser. Sammonico. Vuolsi che fosse quello stesso che, perché amico di Geta, fu ucciso dietro ordine dell'imperatore Caracalla nel 222. Ad ogni modo, col nome di Sammonico rimane un poemetto in 1115 esametri intitolato *De medicina praecepta saluberrima*.

[125] Ateneo «di Naucrati in Egitto, vissuto intorno al 200 d.C. quale retore e sofista ad Alessandria e a Roma, famoso per la sua grande opera di compilazione i *Dipnosofisti* in 15 libri: ove, sotto la forma rettorica allora in voga del convivio o banchetto, compendia ben 1500

libri tra grandi e piccoli, quasi tutti perduti, trattando di cose storiche e letterarie, di questioni di lingua, di costumi, vita domestica ecc., con frequentissime citazioni di poeti, di storici, di filosofi e di scrittori d'ogni sorta» (Giov. Setti, *Disegno storico della letteratura greca*, Firenze, Sansoni).

[126] Quintessenza: estratto che si crede essere la parte più pura delle cose: così detta perché in antico si otteneva dopo cinque distillazioni.

[127] Astrale: influito dagli astri. Il Redi (lettera al Cestoni, 30 giugno 1682), scoprendo gl'inganni di un medico, scrive: « Bisogna che sia un vero ciurmatore, e di quei fini e fini bene, quel medico il quale propone l'elissir di proprietà astrale etereo e non vulgare, con la dulcedine di Marte corroborante le viscere. Dolce sarebbe bene chi credesse a questi belli e pellegrini nomi inventati per buttar la polvere negli occhi a' creduli cristianelli. Io non so quello che costui si voglia dire. Però non dico niente a V.S.».

[128] Segnature delle piante erano certe particolarità della loro conformazione o del colore per le quali erano quelle giudicate favorevoli a guarire più l'una che l'altra malattia.

[129] Crollio, n. a Wetter nel 1580, m. nel 1609 non si sa dove. Qui il Redi si riferisce all'opera del Crollio *De signaturis tractatus* ecc.

[130] Sanazzaro, *Arcadia*, ecl. VI.

[131]Dal greco συναγχη. Lo stesso che angina, schinanzia, sprimanzia, scaramanzia (C. L.).

[132] Abimeron Abinzoar medico arabo maestro di Averroè, nato a Peñaflor presso Siviglia verso il 1069, m. nel 1161-62

[133] Samuel Bociarto (Bochart) detto «eruditissimo e sapientissimo», dal Redi medesimo nelle *Esperienze intorno agli insetti*, fu teologo e filologo francese, n. a Rouen il 1599, m. a Caen nel 1666.

[134] Dante, *Inf.*, XV, 21.

[135] Condotti salivali [...] T. Wartono: «perciò si dissero condotti vartoniani. Egli pubblicava la sua *Adhenografia, sive glandularum totius corporis descriptio* nel 1656» (C. L.).

[136] Lorenzo Bellini: medico celebrato e buon poeta: nacque a Firenze nel 1643 (non aveva dunque che 21 anni al tempo di questo trattato), morì nel 1704.

[137] Pausania: geografo e archeologo greco del secondo secolo dopo Cristo.

[138] Canterelle: cantaridi.

[139] In greco nel testo originale. Traduzione di Enrico Bindi.

[140] Giovanni Gorreo (Jean de Gorris), medico, n. a Parigi nel 1505, morto nel 1577.

[141] Michele detto Efesio perché arcivescovo d'Efeso, fu autore di scolii sopra Aristotile, in ispecie alla *Metafisica*. Da alcuni è identificato con l'imperatore Michele Parapinace, da altri con Michele Psello.

[142] Eutecnio: medico greco del terzo secolo d.C.

[143] Francesco Sanchez: filosofo e medico portoghese, 1523-1601.

[144] Petrarca, *Trionfo d'Amore*, II, 156.

[145] Paolo Egineta: chirurgo e scrittore greco: si è incerti sul tempo esatto del fiorir suo: chi lo pone del quarto secolo d.C., chi del quinto, chi del sesto, chi del principio del settimo.

[146] Vincenzio Bellovacense (Vincent de Bauvais), teologo francese n. verso la fine del sec. XII, m. verso il 1264. Lasciò una enciclopedia del sapere umano a' suoi tempi col titolo *Bibliotheca mundi* o anche *Speculum maius* o *Speculum triplex*.

[147] Veslingio (Vesling) Giovanni, medico e botanico tedesco, n. nel 1598, m. nel 1649.

[148] Uno per banda. Il dottor Giuseppe Badaloni nello studio *Il morso della vipera e il permanganato di potassa* (estratto dell'*Archivio ed atti della Società Italiana di Chirurgia*, Napoli, 1883) avverte che «i denti del veleno sono due per ciascun lato, in due alveoli vicini, i quali ricettano sempre due denti compiuti, mobile l'uno forse perché caduco, e fisso l'altro per servire all'offesa»; il Redi, invece, dice che il ritrovarsene due avviene di rado, ecc.

[149] Di dentro voti, ec.: non per altro, come osserva il Badaloni, forati dentro a guisa di una penna d'oca, bensì solcati nella faccia anteriore.

[150] Malgrado dell'asserto del Redi, è ormai consentito dopo le osservazioni del Mead, Nicols e Fontana, che il veleno esce dalla punta del dente, e non di sotto alla guaina: e crede il Fontana, che il Redi in ciò s'ingannasse, perché le nascenti goccioline, quando il dente è inumidito, ricadono giù per esso quasi invisibilmente, in guisa da riempire a poco a poco la guaina, e traboccarne. Apertala poi colle forbici, non vi ravvisò mai umor giallo: nè può essere veramente il serbatoio, perché avendo essa una larga apertura verso la gota, l'umore uscirebbe sempre per di là (C. L.). Il veleno arriva per certi canaletti dall'apposita glandula della bocca in

quella cavità del dente che anche il Redi osservò e qui descrisse, e per tal cavità gocciando esce dalla punta del dente accanalato e si sparge sulla ferita.

[151] Quello avvenir: taciuto il relativo *che*; è ellissi del parlar fiorentino e comune nei classici, massime in quella del Cinquecento.

[152] Del Melani, celebre musico pistoiese, così mi scrive un eruditissimo in cose patrie di quella città: «D'Iacopo Melani (Iacopo, e se il Redi lo chiama altrimenti, peggio per lui) ecco quel che so. Il teatro della Pergola, fabbricato come questo di Pistoia, sul tiratoio della lana, fu la prima volta aperto colla musica del nostro pistoiese, che vi messe su il Potestà di Colognole del Moniglia, e ciò fu nel carnevale del 1656-57. Il buon esito di quella musica gli procacciò nei successivi anni altre cinque scritture, e dette successivamente il *Pazzo per forza*, l'*Ipermestra*, il *Vecchio balordo* (fece fiasco), e la *Serva Nobile*, tutti drammi del Moniglia, il quale per tutta questa mercanzia poetica non ebbe (povero poeta!) che 200 lire! Più onorevolmente, se non con troppa più larghezza, fu ricambiato il pistoiese, che si riportò a casa una collana d'oro del valsente di lire 784. Nel 1661, per le feste sposerecce di Cosimo, messe su un grande spettacolo, intitolato *Ercole in Tebe*, che fece un chiasso del diavolo. Veda la *Rivista*, 22 gennaio 1845, n. 30, e la Gazzetta del tempo» (C. L.).

[153] Cesti Marc'Antonio fu dei più celebri musici del Seicento (n. verso il 1620 ad Arezzo, m. a Venezia nel '69), e si crede musicasse il Pastor Fido (C. L.).

Ciecolino, o Ciccolino era uno dei soprannomi con cui era noto il castrato Antonio Rivanii (1629-1686).

[154] *Teofrasto*: di Lesbo (370-287 a. C.), scolare prediletto di Aristotile a cui succedette nell'insegnamento.

[155] Il piú gentil musico dell'universo: Orfeo, eroe e cantore mitico tracio. In Eschilo (*Agamennone*) e in Euripide (*Ifigenia in Aulide*) è detto della potenza del suo canto onde moveva le piante e le pietre e mansuefaceva le fiere. In Virgilio (*Georgiche*) e in Ovidio (*Metamorfosi*) puoi vedere la narrazione del mito intorno alla morte di Euridice sua moglie, al quale si riferisce qui il Redi.

[156] Andromaco, n. in Creta, fu medico di Nerone (54-68 d. C.): compose un poema sulla Teriaca, medicamento che da lui prese il nome di *Theriaca Andromachi*.

[157] In greco nel testo originale. Traduzione di Enrico Bindi.

[158] No in tutto quanto il capo, come dice il Redi, ma in due glandule da lui stesso primamente scoperte, o, a meglio dire, in due ammassi glandulosi, posti dietro gli occhi sotto il muscolo abbassatore della mascella

superiore, si genera il veleno viperino. Questo forte muscolo, contraendosi per serrare i denti, preme sulle glandule, e ne spinge fuora pe'l canaletto dei denti l'umore (C. L.).

[159] Carlo Dati «in cui tutti gli uomini dotti veggon risplendere un sovrano sapere della filosofia fatto robusto e da varia erudizione cosí nobilmente adornato, che pregiandosene la nostra Toscana, non invidia i Varroni al Lazio, ed i Plutarchi alla Grecia». Così di lui il Redi nelle *Esperienze intorno alla generazione degli insetti*. Il *Discorso dell'obbligo di ben parlare la propria lingua*, la *Lettera a Filatete* in difesa delle scoperte del Torricelli, le *Vite dei pittori antichi*, la raccolta delle *Prose fiorentine* in cui propose quei modelli di eloquenza toscana che gli parvero migliori, gli acquistarono fama di scrittore forbito, di scienziato, di filologo, storico, e propagatore dei buoni studi. Morì nel 1675 di 56 anni in Firenze sua patria.

[160] Calculetto: Si dicono calcoli certe pietruzze che si formano in diverse parti del corpo, ma più specialmente negli organi destinati a servire di serbatoio o ne' condotti escretori.

[161] «Rispetto all'effetto del veleno, dice il Fontana, che il sangue si coagula, lo siero si separa dai globuli e si spande nel tessuto connettivo interrompendo la circolazione del sangue e così produce la morte. Il sangue

in tal modo diviso in una parte coagulata ed in una parte acquosa, volge rapidamente alla putrefazione, e induce la cancrena nel corpo intero» (Brehm, *La vita e i costumi degli animali*). Il Badaloni avverte che né pure oggi si sa di sicuro in che modo operi il sangue viperino sul nostro organismo: ma molte osservazioni ed esperienze permettono credere che eserciti un'azione deprimente sui centri nervosi e sul cuore. «La morte» conchiude egli «degli animali a sangue caldo è determinata (in tal caso) da paralisi cardiaca e respiratoria dovuta all'azione della echidnina, unico principio attivo del veleno».

[162] Il Vallisnieri nel cuore di un galletto, morto mezz'ora dopo morso da una vipera, non trovò che spuma rubicondissima, la quale si riversò giù per il dorso del cuore e de polmoni a guisa d'un liquido bollente. In altri animali trovò il sangue ora quagliato ed ora disciolto (C. L.).

[163] Tilmanno Tructwyn, o Truttuino come italianizzò il Redi, nativo di Roermond nel Belgio, venne in Toscana con Giovanni Fink notomista inglese, e fermossi a Pisa, e riuscì dissettore abilissimo. Giovanni Targioni Tozzetti, l'autore degli *Aggrandimenti delle scienze fisiche in Toscana*, conservava nella sua libreria un prezioso zibaldone manoscritto da Truttuino, tutto appunti di cose mediche e farmaceutiche, presi a lezione, pare, da

scolare. «Nella nostra villa di Settignano, egli dice poi, era il suo ritratto vestito alla spagnuola, e un emblema esprimente una mano, con occhio sul dorso, che tiene fra il pollice e l'indice un coltello anatomico, e intorno v'è scritto: Ecco l'occhiuta man, che quanto vede/ Crede esser vero e non quanto si dice». (*Aggrandim. delle scienze fisiche* ec., tomo I, 275). Pare che venisse poi a stare a Firenze, e prestasse l'opera sua nello Spedale di San Matteo. I due dottissimi inglesi rammentati più sotto, dubito, fossero questo Giovanni Finchio e Tommaso Penis, dei quali dice il Fabbroni, che la somiglianza degli studi li aveva così congiunti, da aver tutto a comune. Nel '63 fecero insieme il viaggio a Roma e Napoli, e il principe Leopoldo accompagnavali con lettera commendativa a Michelangelo Ricci, nella quale parlando del Finchio, dice, «che è molto amato e stimato dal serenissimo Gran Duca e da me per la sua virtù, e si diletta grandemente della filosofia, ricercando con curiosità non ordinaria le cose naturali, e la verità di esse»(C. L.).

[164] Dante, *Purg.*, XXVI, 121-122

[165] Alfonso Borelli: napoletano, 1608-79.

[166] Antonio Uliva: di Reggio di Calabria, teologo, accademico del Cimento, fu lettore di medicina all'Università di Pisa negli anni 1663-68.

[167] Socrate: fondatore della filosofia greca, quantunque non lasciasse nulla di scritto. Nacque ad Alopece, demo attico, l'anno 469 a.C.: accusato di corrompere la gioventù e di introdurre deità straniere, fu gettato in carcere e costretto a ber la cicuta nel 399.

[168] Casose significa che fanno caso di tutto. Anche il Davanzati nella versione di Tacito dice: «per mostrare quanto e' fosse casoso e spietato ne' peccati grandi» (C. L.).

[169] Savio [...] amatore della sapienza: secondo la tradizione, Pitagora fu il primo che assumesse il nome di filosofo (cioè, *amatore della sapienza*). I primi ricercatori greci divulgatori della sapienza (scuola jonica) erano stati detti *sofi*, cioè saggi.

[170] *Talete*: filosofo milesio fiorito intorno al 600 av. C. È celebrato fondatore della scuola ionica naturalistica. Gli si attribuisce la prima ricerca intorno all'origine del mondo.

[171] Le non più vedute stelle: i pianeti intorno a Giove, dal Galilei chiamati Medicei in onore della casa Medici.

[172] Contasi di un grave aristotelico tedesco, il quale essendo stato invitato a bella posta a vedere certe esperienze, che dovevano farsi da un pubblico professore in Padova, rispose serio e solenne: «venire nolo, ne videam aliquid contra Aristotelem» (non voglio venire,

affinch'io non vegga alcuna cosa che faccia contro Aristotile). Il Fabroni poi, nella vita del geometra Grandi, racconta, che a' giovanetti che partivano per l'università, certi maestri melliflui non ristavano dal ficcar e rificcar bene nella testa, che se mai s' imbattessero in anatomici fisici e chimici, ma specialmente chimici, tutta gentaccia che si piccavano di sperimentare, badassero bene, «averterent oculos, ne viderent vanitatem» (torcessero gli occhi, affinché non vedessero delle cose vane) (*Storia dell'Università pisana*, tomo III, 521) (C. L.).

[173] Potamone Alessandrino: poche e confuse e contradittorie notizie si hanno di lui: alcune sue sentenze rimangono in Diogene Laerzio. Trasportò, a quanto sembra, la scuola eclettica (elettiva) dalla Grecia in Roma.

[174] Anassimandro di Mileto, scolaro di Talete: congetturò come principio delle cose l'infinito, dal cui grembo tutte le cose divennero; ma all'infinito poi non attribuiva una natura spirituale od intelligente. La scuola ionica, detta naturalistica, precorse la filosofia greca la quale ebbe cominciamento con Socrate: ricercava l'origine del mondo in principi materiali, come l'acqua, l'aria, il fuoco.

[175] Italiana: così detta perché Pitagora la istituì a Crotone, nella Magna Grecia.

[176] Dante, *Parad.*, XIX, 79.

[177] Petrarca, sonetto *Movesi 'l vecchierel*, v. 7.

[178] Elisirvite:«sorta di medicamento che si compone di spirito di vino con varie droghe» (Tomm. Diz.).

[179] Marziale, *Epigrammi* IV.4, La puzza di Bassa: «Quod Vulpis fuga, Vipera cubile / Mallem, quam quod oles olere Bassa».

[180] Claudius Aelianus, *De natura animalium*, Libro IX.

[181] Trad. Giovanni Andrea dell'Anguillara (1517-1572).

[182] Trad. Giovanni Andrea dell'Anguillara (1517-1572).

[183] Salpimentata manca nel Vocabolario (C. L.). Il Gherardini (*Supplimento a' Vocabolarj Italiani*) spiega salpimentare «Aspergere come si fa del sale e del pepe, detto pimenti» e cita questo esempio di Gio. Pagni, medico e archeologo, amico del Redi (Lettere): «I mori stimano che sia (il beng) un gagliardissimo sonnifero, o mangiando l'erba, o con quella ridutta in polvere salpimentando ... le vivande».

[184] Regalata: condita: altrove (*Esper. int. a diverse cose naturali*) il Redi stesso: «In esso brodo gli cuociono, e

poscia con burro, con formaggio, e con varie maniere di spezierie gli regalano».

[185] È l'epigr. 29 del libro V

[186] Trocisci, dal greco tpóxos, ruota. Medicamento composto di diverse polveri, mescolate con tanto sugo o decozione che faccia una pasta solida, e formato a foggia di girellette: donde il nome (C. L.).

[187] Critone: medico romano che fiorì nel principio del 20 secolo d. C.

[188] Quei dottissimi medici ec. Neri Neri e Gio. Batista Benadú, medici, Francesco Rosselli e Giovanni Galletti, speziali

[189] Calcate: anche Franco Sacchetti (Novelle) in questo senso: Ebbe veduta a un orticello fuori d'una finestra o a un tetto che fosse, una passera calcare l'altra spessissime volte, come fanno per uso (C. L.). È ciò che più sotto dice feconde (fecondate) e gallate.

[190] Sfruttate: qui è a un di presso nel valore di smunte. Altrove (*Lettere famigliari*, Firenze, Cambiagi, 1779-95, vol. III, p. 184) il Redi: «M'accorgo essere scarsa di latte per molti contrassegni, e particolarmente per le poppe, che se le vedono smunte, e come si suol dire sfruttate».

[191] Rete, omento, zirbo: quel pannicolo grasso che copre gl'intestini degli animali.

[192] Cavar (o trarre) il sottil del sottile, «si dice di Chi coll'industria non manda a male niente, e fa comparire il poco. Morelli, *Cronaca*: «Traeva il sottile del sottile, ammonendo e dirizzando la sua famiglia con buoni insegnamenti». *Canti Carnascialeschi*, 221: «Questi nostri mercanti...; Ma voglion tutti quanti il sottil del sottil troppo cavare» (Tomm., Diz.).

[193] Sena (la *Cassia orientalis* di Linneo) è arboscello che fa nel Levante, e i cui follicoli, pur detti sena, sono molto purgativi.

[194] Turbitte, è la radice del *convolvulus turpethum*, pianta delle Indie orientali (C. L.).

[195] Agarico: genere di piante dell'ordine dei funghi.

[196] Mecioacan: pianta forestiera, chiamata così dal luogo ove nasce. il rabarbaro bianco.

[197] Linceo, detto degli occhi, vale acutissimo; perché inverosimili virtù si favoleggiavano degli occhi della lince. Buonarroti, *Fiera*, IV, 1: «Ma se di sguardo mai d'occhio linceo Valesse acume a saettar la notte».

[198] Fu alchimista famoso, e dei primi promotori della chimica farmaceutica moderna. Poche e strane notizie hannosi di lui: credesi anzi, che sotto tal nome composto d'una parola greca e d'una latina (re possente), si adombrasse qualche alchimista, per poter meglio

spacciare miracoli della propria arte. Lo vogliono benedettino e nato ad Erfurt non più tardi, pare, del secolo XV. Le sue opere stettero per un pezzo nascoste in una colonna della chiesa d'Erfurt, la quale per caso spaccatasi le partorì alla luce. Fu il primo a commendar l'antimonio e a farne preparazioni diverse. Un giorno vide dei porci prendere di tal minerale avanzato al suo laboratorio, e ingrassarne alla maladetta: perciò vennegli voglia, e per pietà che aveane e per via di esperimento, di rimettere in carne certi monaci del convento, fatti macri dalle penitenze. Ma l'effetto fu così lontano da' poco spirituali desiderii dell'alchimista, che in pochi dì i monaci, semplici e queti e che non sapevano lo perché, vennero a mancare ad uno ad uno: e lo stibium, come sin allora chiamavasi, prese nome di *antimonium*, quasi *contra monacos*; dice!» (C. L.).

[199] Serapione di Antiochia, autore di una geografia.

[200] Lucrezio Tito Caro, il grande poeta filosofo latino, vissuto probabilmente dal 96 al 55 av. C. Compose il *poema De Rerum Natura*, versi (IV, 636-7)

[201] Gesnero, soprannominato il Plinio della Germania, per la sua grande Storia naturale. Nella storia degli animali pose il fondamento di tutta la zoologia moderna. Morì a 49 anni nel 1565 (C. L.).

[202] Tommaso Campanella, il famoso filosofo e frate domenicano, n. a Stilo, in Calabria, nel 1568, m. a Parigi nel 1639.

[203] M. Ant. Alaimo: medico e scrittore italiano, 1590-1662.

[204] Lelio Bisciola: grecista e teologo, n. a Modena verso il 1545, m. a Milano nel 1629.

[205] Antipatia: avversione o contrarietà naturale, che un essere animato ha per un altro essere animato, o per una cosa qualunque e, per similitudine, come qui, si disse anche delle cose inanimate (e di questo vocabolo grande abuso si fece un tempo nelle scuole per ispiegare molti fatti naturali, dei quali ignoravasi la vera cagione). Galilei, *Opere astronomiche*, I, 444: « Quell'odio e inimicizia, per la quale altre cose naturalmente si fuggono, e si hanno in orrore noi addimandiamo antipatia» (*Crusca*, 5a impressione). Onde poi non sapendo spiegare le varie nimicizie dell'agnello e del lupo, dell'olio e dell'acqua, se la cavavano dicendo che vi era antipatia fra loro. Bacone la definì «una contrarietà che è fra le proprietà della natura».

[206] P. Giov. Fabbro (Fabre): medico francese e autore di opere mediche, n. a Castelnaudary, vissuto nella prima metà del secolo decimosettimo.

[207] È l'idroclorato d'ammoniaca: ma per le analisi chimiche moderne non si sa, che la saliva umana il contenga (C. L.).

[208] L'acuta lingua: Modo greco invece di dire l'acuta e bipartita lingua che si scagliava colla rapidità del folgore. I latini poi chiamarono trisulca la lingua dei serpenti perché era vibrata tanto prestamente da far credere a tre lingue, onde Virgilio, *Encide*, II, 475 «et linguis micat ore trisulcis».

[209] *Ecclesiaste*, cap XII.

[210] Pergamo: città della Misia sul Caico (oggi Ak-su): fu patria, come si è detto, di Galeno.

[211] Castor Durante: botanico, medico, e verseggiatore in latino, n. a Gualdo, m. a Viterbo nel 1590: autore d'un *Theatrum plantarum, animalium, piscium et petrarum*. Il Linneo del nome di lui intitolò il genere di piante Duranta.

[212] Pub, e priv. inimicizia: modo enfatico per dire Inimicizia mortale. Plinio (XVI, 13) afferma essere tanta la forza delle foglie del frassino da porre in fuga ogni serpe, si che, né pure da sera o da mattina s'appressa la serpe all'ombra di quelle».

[213] Scaligero Giulio Cesare,(il Tiraboschi, *St. d. lett. ital. VII*, vuole che si chiamasse Giulio Bordone, ed

usurpasse l'altro di Scaligero per boria volendo discendere da sì illustre famiglia), probabilmente padovano, m. nel 1558 di anni 75, di professione medico, tradusse e commentò varie opere di Aristotile.

[214] Andrea [conte di] Lacuna o Laguna, medico e filologo spagnuolo, n. a Segovia nel 1499, m. nel 1560.

[215] Costantino Porfirogenita, imp. di Costantinopoli, n. nel 905 m. nel 959, fece raccogliere l'*Ippiatrica* e la *Geoponica sive de re rustica libri XX*.

[216] Calamento: è di due fatte, acquatico e di monte: l'acquatico s'appella mentastro, quello delle montagne si chiama nepitella.

[217] Benché con molta meno arte, pure, e riportando i primi cinque versi dello stesso passo di File recato dal Redi più sotto, l'Aldovrandi (op. cit. 1, 122) aveva detto « ...vipera singulari favore muraenam prosequitur, dum antequam cum ipsa congrediatur, venenum evomere perhibetur, ne sponsam laethali humore inficiat: hoc autem elegantissime expressit Philes» ovvero, in italiano, «la vipera ha un singolare amore per la murena, poiché si dice che vomiti il veleno prima di accoppiarsi con lei per non inoculare l'umor suo letale alla sposa: il che elegantissimamente espresse File».

[218] Discretezza: decenza.

[219] Così duramente: con tanta amarezza: Boccaccio, *Decameron*, X, 10: Si duramente si rammaricano che uno nepote di Fiannucolo dopo me debba rimanere lor signore.

[220] Manuel File, poeta bizantino, n. a Efeso intorno al 1275, m. nel 1340. Fra le poesie che di lui sono rimaste si trova ancora il trattato sulla *Natura degli animali*.

[221] In greco nel testo originale. Traduzione del Bindi, fra le note della stampa Le Monnier.

[222] In greco nel testo originale. Traduzione di Anton Maria Salvini.

[223] Franc. Fern. di Cordova: teologo, filosofo, matematico e musico, n. nel 1422, m. verso la fine del secolo decimoquinto.

[224] Porta Giambattista, napoletano, n. nel 1545, m. nel 1615: fu uomo dottissimo e precorse o intravide nei campi della fisica e della medicina molte scoperte fatte di poi: la sua opera principale ha per titolo *Magiae Naturalis, lib.* XX (Napoli, 1589).

[225] E quella fede ... manifesta: Boccaccio, *Decameron*, VII, 3: «Calandrino ... quella fede vi dava (a cose incredibili) che dar si può a qualunque verità è più manifesta».

[226] Bengodi, Elitropia, Maso del Saggio, Calandrino: vedi al proposito ciò che ne dice il Boccaccio nella novella sopra citata, la quale, fra le comiche, è una delle maravigliose.

[227] Dedalo: ingegnoso architetto ateniese fu, secondo la favola, da Minoe rinchiuso nel labirinto da lui stesso costruito; dal quale fuggì in Sardegna, levandosi a volo su ali ch'egli medesimo si era costrutte con penne e cera.

[228] Timeo: nome di uno dei dialoghi di Platone.

[229] Uccellacci: Nel Machiavelli, *Mandragola,* at. II, sc. 2 messer Nicia dice: «Io parlai ier sera a parecchi medici; l'uno dice ch'io vada a San Filippo, l'altro alla Porretta, l'altro alla Villa, e mi parvero parecchi uccellacci; e, a dirti al vero, questi dottori di medicina non sanno quello che si pescano».

[230] Dante, *Inf.,* III, 51.

[231] V' è stato imposto di compilare: nota 17.

[232] Accademia del Cimento. Fin dal 1651 il granduca Ferdinando II aveva gettato le fondamenta di un'accademia scientifica, ma soltanto 6 anni dopo per opera del cardinal Leopoldo fu definitivamente costituita; e il 19 giugno si radunò la prima volta. Dal cardinale ebbe pure il nome del Cimento. «Il suo istituto» scrisse

il Magalotti «non fu mai altro che di andare dietro alla verità per la via delle esperienze». Ad imitazion di quella, altre se ne ebbero in Roma, in Bologna, in Napoli, in Parigi, in Londra e in diverse città dell'Alemagna, sostituendosi dovunque la dimostrazione e l'esperienza all'opinativa e alla sofistica. Nel 67, dieci anni dopo la sua fondazione, essendo partiti da Firenze il Borelli il Renaldini e l'Uliva; e il principe Leopoldo per la promozione a cardinale essendo distratto da altre cure, l'Accademia si sciolse. In una lettera a Battista Verzoni il Redi diceva gloriarsi «di essere stato uno dei primi fondatori della famosa toscana Accademia del Cimento».

[233] Dante, *Purg.*, III, 78.

Maison d'édition CH3 PRESS

981279623 R.C.S. Lione

Direttore generale: Filippo Conti